投考海關
實戰天書
2024-25
全新UPDATE版

推薦序

我與作者在香港海關共事了 28 年，李 Sir 既是經驗豐富的海關同事，也是和我同期加入香港海關的海關督察。李 Sir 在不同環節均有出色表現，任職海關訓練學校高級教官期間，大力發展海關關員入職訓練課程和在職專業訓練課程，很多現時的海關官員都曾是李 Sir 的學生。

李 Sir 用簡單直接而不花巧的文筆，介紹海關發展和職能，闡述海關關員應具備甚麼才能、海關招聘及遴選程序、在面試時可能遇到的問題，及提供了重要的參考資料給考生，為投考海關作好準備。對有志投身香港海關的人士，這是一本不可多得的天書。

蔡榮澤

香港海關退休高級督案

推薦序

六堂課改變我的下半生

"We are regret to inform you that"……一次又一次收到政府寄給我的信，無論是投考行政主任及其他紀律部隊主任級職位，我均屢戰屢敗，這沒有令我氣餒，我更反躬自省有何不足之處。

幾年前，雖然我對海關工作沒有甚麼認識，也投考了香港海關。像大部份考生，我事前完全不知「領導才能測試」考甚麼，不懂如何準備，結果自然是「行人止步」了。痛定思痛，翌年我給了自己人生最後一次機會，當中最重要的，就是報讀了由李 sir 任教的「香港海關面試技巧訓練課程」，加上我狠下決心為七個遴選程序作針對性訓練，最後才能成功，我備戰的過程如下：

1. 筆試（第 I 部分）——大學畢業後，我曾投考其他紀律部隊，由於文科出身，我對數字、圖像等題目不熟悉，曾在 Aptitude Test「滑鐵盧」，故此再不敢掉以輕心。我買了筆試天書，依照考試時間完成幾個模擬測驗，發現答對的題目仍少於一半……唯有將勤補拙，上網找外國類似的題目做。記得大部份考生等候入試場時，我仍在休息時間「狂刨」天書，最後終於在筆試（第 I 部分）的三份卷中順利過關。

2. 小組討論——李 sir 在堂上指示我們幾個人分組討論，令我們立即發現問題所在。留意題目不一定與海關有關，例如小組討論題目包含時事。另外，考生用中文討論大多沒有問題，用英文討論時卻說得結結巴巴。縱使有紮實的論點，亦無從發揮。

此外，李 sir 的課堂集合了一班有志投考海關之士，由於大家有共同目標，可以集思廣益。我們幾名同學工餘時自訂題目，以中英文討論，並模擬考試時以幾個人一組、以 15 分鐘時間為限討論，討論後再互相批評，不但增強了信心，大家公開發言亦不再怯場。

我認為，小組討論中不應太 aggressive and dominant，又不可僅發言一兩次。開首一分鐘是要求考生先發表意見，如果你是頭幾個發言，可帶出引子及說出你對題目的看法；如果是較後發言的，不妨回應其他人的意見，到了討論便見真章，一般會自然分成「贊成」和「反對」兩派。

由於大多數投考者均屬主動派，一開口往往滔滔不絕，如果你不主動發言，便很難得分，相反過份進取亦不恰當。在李 sir 課上練習，我有三點觀察：

A) 如果有幾個組員只顧討論題目的首個部份，我會在中段「提醒」其他人轉移討論題目的餘下要點，令考官覺得我「眾人皆醉我獨醒」，認為我能顧全大局。

B) 有些人不停發言以爭取表現，但說英語時往往結結巴巴，一有停頓位，你便要主動「插咀」，確保你有足夠機會發言。

C) 討論有人言多必失，亦有人沉默寡言，其他組員會適當時會「邀請」沉默的投考者發言，令考官覺得大家會顧及全組各人，具有領導才能。

當然，事前準備最重要。考生應考前應就海關法例、時事題目找資料，強記一堆數據及數字支持你論點，令考官相信你有備而來。

3. 體能測試——海關網頁列明訓練的應考重點外，為應付立定跳遠，投考者可在公園的軟墊試跳練習，並用尺量度距離，以提升成績。穿梯前，考生應觀看海關的示範片段，想像如何能以最快速度爬上爬落，本港公園亦有類似鐵架可供攀爬。測試前，大家會有一次機會試爬，建議大家慢慢掌握攀爬方法。到真正測試時切記亂衝亂撞，中途撞向木架會拖慢速度，而且十分危險。

4. 領導才能測試——我認為，李 sir 的課程最能幫助大家的是領導才能測試。考生需於 15 分鐘內帶領三至四位現役關員完成一項任務。整個過程以廣東話進行。測試規則寫於卡上，應考時有三位考官「凝視」你，還有三位關員等著你的指示，如果你犯規，面試官會大聲指出你犯下哪條規例，並會扣時間，這令不少人驚慌失措！

後來，我參加了李 sir 任教的課程，李 sir 會因應各同學的背景，為大家「度身訂造」如何向考官介紹自己，更準備模擬不同難度的領導才能測試，讓各同學輪流嘗試做 leader，令你「贏在起跑線」。考生不一定要完成領導才能測試，才算成功，考官會在過程中觀察你是否冷靜、能否清晰向關員發出指示等，雖然很多人未完成測試，仍可過關。

事後回想，李 sir 不但令我學到寶貴的面試技巧，更令我闖過最困難的領導才能測試，令我考入海關，改變命運。

一句話，六堂課、18 小時，改變我的下半生！一切很美，只因有「李」！ Thanks a millions, Mr. Lee!

你的學生

敬上

自序

用兵之道，在於周詳謀劃，測算交戰雙方的優劣，明瞭敵我形勢，進行認真的比較分析，在開戰之前創造有利的條件，讓自己具備取勝因素，然後出擊，定可取勝。若是策劃不周，妄顧敵我形勢，取勝條件不足，貿然出擊，就必然招致失敗。

掌握對方形勢，瞭解自我的強項，「知彼知己，百戰不殆」，這是兩陣對決必勝之道，也是投考海關必須掌握的策略，事前充足備戰，在遴選過程中定可脫穎而出。「慎戰」而不「畏戰」，在參加遴選之前要清楚掌握遴選的相關過程和要求、海關使命、職務及海關人員必須具備的條件等，作慬慎及全面的備戰，在投考海關時便會從容不迫，充滿信心，輕易闖關。

我曾任香港海關訓練學校高級教官，除負責訓練入職海關督察和關員外，更具有豐富的招聘督察和關員經驗。看見許多高質素的考生因為事前準備不足而落敗，實感可惜。考生未能如其所願，投身海關工作，皆因未有作「知彼知己」和「慎戰而不畏戰」的準備。在海關的遴選過程中，主考官會從不同範疇測試你的才能，考生能否站在海關立場考慮其需求，在自我專長、成就、人格特質與海關工作之間找到聯繫性，每每成為成敗的關鍵。

李耀權
香港海關退休監督

前言

香港近年的多元化社會發展，以及國際間的經濟活動日益頻繁，香港海關對關員的要求順應社會的演變和需求而有所更改。因此自2016年起，香港海關關員招聘遴選程序中，實施一項重大改變，納入小組討論為評核元素。以往的中、英文及能力傾向筆試將會取消，從而更有效地測試考生對社會時事的認知、思考和人際溝通能力，更能聘用合適現時海關需求的執法人員。

本書為使有志投身海關人能作充分準備，除了涵蓋整個技投考遴選程序，還特別加插了「小組討論」章節，講述小組討論之前的預備工夫、討論的情況，以及採用甚麼策略才適當，本書均有探討。助有志者一擊即中，順利過關。

目錄

推薦序——蔡榮澤 3
推薦序 六堂課改變我的下半生——你的學生 4
自序 8
前言 9

第1章　香港海關大檢閱

1.1 認識香港海關 16
1.2 香港海關世紀史 19
1.3 香港海關的組織架構 21
1.4 香港海關的編制與職級 25
1.5 香港海關部隊及裝備 28
1.6 「海關部隊」的職能 33
1.7 香港海關邊境檢查站 36
1.8 香港海關執行職務時可引用的法例 37
1.9 海關總部大樓 39
1.10 香港海關學院 43
1.11 智慧海關 52

第2章　海關關員遴選實況

2.1　入職要求及申請方法　58

2.2　薪酬及聘用條款　60

2.3　遴選流程　63

第一關：體能大考驗　65

I. 立定跳遠測試　66

II. 穿梯測試　68

III. 靜態肌力測試　69

IV. 800 米跑測試　72

第二關：小組討論　73

1. 小組討論被納入關員遴選程序　73
2. 小組討論本質　74
3. 小組討論與公開演講的分別　74
4. 小組討論的類型　74
5. 主題為本小組討論　75
6. 小組討論過程　76
7. 評核的標準　77
8. 小組討論的準備工作　78
9. 小組討論注意事項的「宜」和「不宜」　79
10. 小組討論重點注意事項　80
11. 小組討論急症室　81

Q.1 開始討論之前是否有時間準備？　81

Q.2 我應否和考官們談話？　81

Q.3 小組討論時座位安排是甚麼樣的？　81

Q.4 我應該如何稱呼其他組成員？　81

Q.5 假設我有很多的話題要發表，我應該一次過說出來嗎？　82

Q.6 我是否應該鼓勵其他人說話？ 82
Q.7 在討論進行時，我應否計算時間？ 82
Q.8 是否有那些特定的座位安排會有利於考生表現？ 82
Q.9 討論開始前，應否在各組員之中任命一位領導來開始討論？ 82
Q.10 如果我對有關題目在強烈個人感受，我應該表達我的感受嗎？ 82
Q.11 如我對有關題目十分熟悉，我可以使用與題目相關的術語嗎？ 83
Q.12 甚麼是合適的時間進入參與討論以確保大家會聽我的發言？ 83
Q.13 當各人討論激烈，噪音水平太高，我何如何進入討論？ 83
Q.14 在小組討論中，應否做第一個發言者？ 83
Q.15 在小組討論中，是否須要舉例說明？ 84
Q.16 在小組討論中，我應發言多少次及多久？ 84
Q.17 在討論過程是否適宜表現幽默？ 84
Q.18 如果別人說了我想說的話，我該怎麼辦？ 84
Q.19 主考官可否在規定的時間未完前叫停討論？ 84
Q.20 可否向其他出席討論提問尖銳的問題？ 85
Q.21 最後總結是否絕對必要的？ 85
Q.22 如果某個成員表現非常頑固和侵略性，我該怎麼做？ 85

第三關：遴選面試，《基本法及香港國安法》測試 86

1. 《基本法及香港國安法》知識測試及試題參考範本 86
2. 基本法測試範例 87
3. 國安法測試範例 94

第四關：體格檢查及視力測驗 107

1. 體格檢查 107
2. 視力測驗 108

第五關：品格審查 109

1. 填報品格審查表格 GF（200） 109
2. 品格審查的致命傷 112

第3章　面試攻略

3.1 面試須知 113

1. 面試形式 113
2. 才能評核準則 114

3.2 創造良好的第一印象 120

1. 儀容舉止 120
2. 身體語言及說話技巧 123
3. 注意身體語言 124
4. 注意說話技巧 125

3.3 自我介紹技巧 126

1. 自我介紹的重點和鋪排 126
2. 自我介紹的「宜」「忌」 128
3. 成功例子 130
4. 失敗例子 136

3.4 面試 10 大切記要點 138

3.5 考生面試失敗主因 142

3.6 面試熱門問題範例 146

1. 自身問題 146
2. 情景性問題 150
3. 處境問題 151
4. 香港海關的相關問題 153
5. 時事問題 155
6. 忠誠問題 157

3.8 面試問題拆解方案 44 例 159

3.9 7 大面試問題詳解 174

第4章　投考關員急症室

Q1. 新入職的海關關員會接受甚麼訓練？ 180

Q2. 海關關員是否需要佩帶槍械？ 181

Q3. 我的手指曾在一次交通意外中受傷，不能屈曲，但身體健康良好，會否影響投考海關關員？ 182

Q4. 新入職的海關關員試用期是多久？試用期的關員和正式關員有甚麼分別？ 182

Q5. 海關關員入職後的晉升機制和標準是甚麼？關員晉升是否需要見Board？ 182

Q6. 關員晉升資格甄別試是否每年都會舉行？ 183

Q7. 關員晉升資格甄別試的內容和形式是甚麼？ 183

Q8. 如果我被任命為海關官員，我可以通過甚麼內部渠道晉升為督察？ 184

Q9. 我有近視要佩戴眼鏡，可以投考海關關員嗎？ 185

Q10. 身為非法組織成員，如身為三合會會員，可否投考海關關員？ 186

Q11. 如果我的家人有犯罪記錄，會影響我投考海關關員嗎？ 186

Q12. 如果考生曾經被警司警誡，會影響投考海關關員嗎？ 186

Q13. 如考生是政黨成員，可否投考海關關員？ 187

Q14. 海關關員可否留長髮和染金髮？ 187

Q15. 男性海關關員可否留鬚？ 187

Q16. 海關關員可吸煙嗎？ 188

Q17. 海關關員在執行職務時可以使用私人無線電話嗎？ 188

Q18. 香港海關對海關關員化妝和佩戴首飾有甚麼規定？ 188

Q19. 如考生現在從事兼職工作，例如義工、輔助警察、民安隊、補習教師等，是否需要先辭去兼職工作才可投考海關關員？ 189

Q20. 如考生向財務公司（俗稱「大耳窿」）借貸欠下無力償還的債項，但能成功通過甄選程序及面試，會否被取錄？ 190

Q21. 我不諳水性，可以投考海關關員嗎？ 190

Q22. 投考海關關員有沒有任何年齡限制？ 190

Q23. 考生如申請海關關員是否不可以同時申請海關督察？兩者有沒有衝突？如果我在第一輪失敗，我可以參加第二輪嗎？有沒有次數限制？ 191
Q24. 我居港將會滿 7 年，現正在申請香港居民身分，但尚未獲得批准，我可以申請海關關員嗎？ 191
Q25. 如果我申請海關關員，是否不可以同時申請其他政府紀律部隊（警察、入境處、消防、廉政公署）？ 191
Q26. 如果我面試時，面試官知道我申請海關關員，又同時申請其他非紀律性的文職政府部門，會否減低我的獲選機會？ 192
Q27. 香港海關關員的當值編制為何？ 192
Q28. 香港海關搜查犬是否只能搜查毒品，沒有其他功能？ 193
Q29. 香港海關關員是否要定期參加體能測試？ 193
Q30. 香港海關在 2014 年在各邊境檢查站設置「毫米波被動探測器」，加強打擊走私和販毒的能力。甚麼是「毫米波被動探測器」？ 194

第5章　海關助理貿易管制主任

5.1 香港海關貿易管制處架構 196
5.2 香港海關貿易管制處發展史 197
5.3 香港海關貿易管制處職務 199
5.4 助理貿易管制主任的主要職責 207
5.5 助理貿易管制主任入職 4 大條件 208
5.6 遴選程序 210
5.7 薪酬及聘用條款 212
5.8 投考助理貿易管制主任 Q&A 213

第 1 章
香港海關大檢閱

1.1 認識香港海關

香港海關的前身稱為「緝私隊」，負責監管酒稅之隊伍，於1909 年成立，由 5 名歐籍緝私員以及 20 名中國籍搜查員所組成，隸屬於當時的「出入口管理處」。原本的「緝私隊」是一個小規模部隊。經過百多年的發展，香港海關蛻變成為全球其中一支最具效率、備受世界尊崇的海關機構。

香港海關現時是隸屬於保安局的其中一支紀律部隊，擁有 5,955 名人員，其中包括 9 位首長級海關人員、4,810 名海關部隊人員、500 名貿易管制處人員，以及 636 名一般職系文職人員。隨着香港海關的多元化職能，海關關長除向保安局局長負責外，亦須向商務及經濟發展局局長和財經事務及庫務局局長負責。

在過去一百多年的歲月裡，香港海關不斷與時並進，為香港把關，勇敢地面對從四方八面不斷湧現的新挑戰和困難。執行反走私和緝毒工作，對於維持香港作為國際港口和貿易中心的地位非常重要。香港海關亦致力保護知識產權、保障公共收入和消費者權益，為香港各行各業提供寶貴的服務。

而在香港海關發展歷史中的每一個里程碑，均代表着不同年代的海關人員隨着社會發展和經濟變遷而作出的貢獻。

香港海關的「期望、使命及信念」

期望

海關是一個先進和前瞻的組織，為社會的穩定及繁榮作出貢獻。

我們以信心行動，以禮貌服務，以優異為目標。

使命

- 保護香港特別行政區偵緝及防止走私
- 保障和徵收應課稅品稅款
- 偵緝和防止販毒及濫用毒品
- 保障知識產權
- 保障消費者權益
- 保障和便利正當工商業及維護本港貿易的信譽
- 履行國際義務

信念

- 專業和尊重
- 合法和公正
- 問責和誠信
- 遠見和創新

（資料來源：香港海關網頁 http://www.customs.gov.hk/tc/about_us/recruitment/customs_officer/process/physical/index.html）

香港海關徽號的啟示

香港政府各部門都有真獨特的徽號，代表該部門的獨特性。香港海關徽號由三部分組成，分別為劍、鎖匙同桂冠。每部分均代表香港海關的價值觀和信念。

劍——代表「雷厲執法」

鎖匙——象徵海關盡忠守衛香港邊界

桂冠——代表海關執行使命以達至成功的決心

1.2 香港海關世紀史

年份	大事記
1909	緝私隊成立（由 5 名歐籍緝私員及 20 名中國籍搜查員組成），是香港海關的前身，隸屬當時的出入口管理處，向酒精飲品徵税。
1923	繼《危險藥物條例》生效，緝私隊賦予打擊販毒活動的執法權。
1930	緝私隊除酒精飲品外，也向汽油徵税。
1931	緝私隊向化妝品及藥用酒精徵税，直至 1959 年化妝品及藥用酒精不再被納入税網。
1945	緝私隊根據《危險藥物條例》負責打擊鴉片販賣。
1948	根據《中港緝私協定》中國海關和香港緝私隊合作打擊兩地走私活動。
1950	香港對北韓實施禁運並修訂《進出口條例》，緝私隊負責對戰略物品進行規管。
1963	緝私隊因《緝私隊條例》生效而確立法定地位。
1974	緝私隊訓練學校正式啟用，並專責處理版權刑事侵權活動。
1977	緝私隊亦改稱為香港海關，部門首長改稱為海關總監。
1982	香港海關成為獨立的政府部門。
1987	香港海關加入世界海關組織（World Customs Organization）。

1989	成立毒販財產調查課，調查和充公販毒得益。
1991	香港海關、香港警務處和皇家海軍共同成立跨部門反走私特遣隊，打擊使用高速快艇「大飛」走私活動。
1993	香港海關負責汽車首次登記税的評估。
1995	香港海關成立化學品管制課，監管制毒所需的化學前體進出口，加強緝毒工作。
1997	香港海關總監改稱為海關關長，成為了香港政府主要官員之一。向保安局、商務及經濟發展局、財經事務及庫務局負責。
1998	《防止盜用版權條例》生效，香港海關負責光碟製造商發牌，加強保護知識產權。
1999	成立海關特遣隊，專責在零售層面打擊非法燃油、應課煙草及侵犯知識產權等活動。
2000	反互聯網盜版隊、電腦法證所成立，專責打擊網上盜版活動。
2003	落實多項措施，包括： • 落馬洲管制站設置兩座固定X光車輛檢查系統。 • 在陸路口岸管制站設立「車牌自動辨認系統」自動記錄過境車輛的車牌號碼。 • 改革應課税管制措施，實行「開放式保税倉系統」。
2005	實施「紅綠通道系統」，加強邊境進出報關和清關效率。
2009	海關成立 100 週年。

（資料來源：綜合作者資料及香港海關網頁）

1.3 香港海關的組織架構

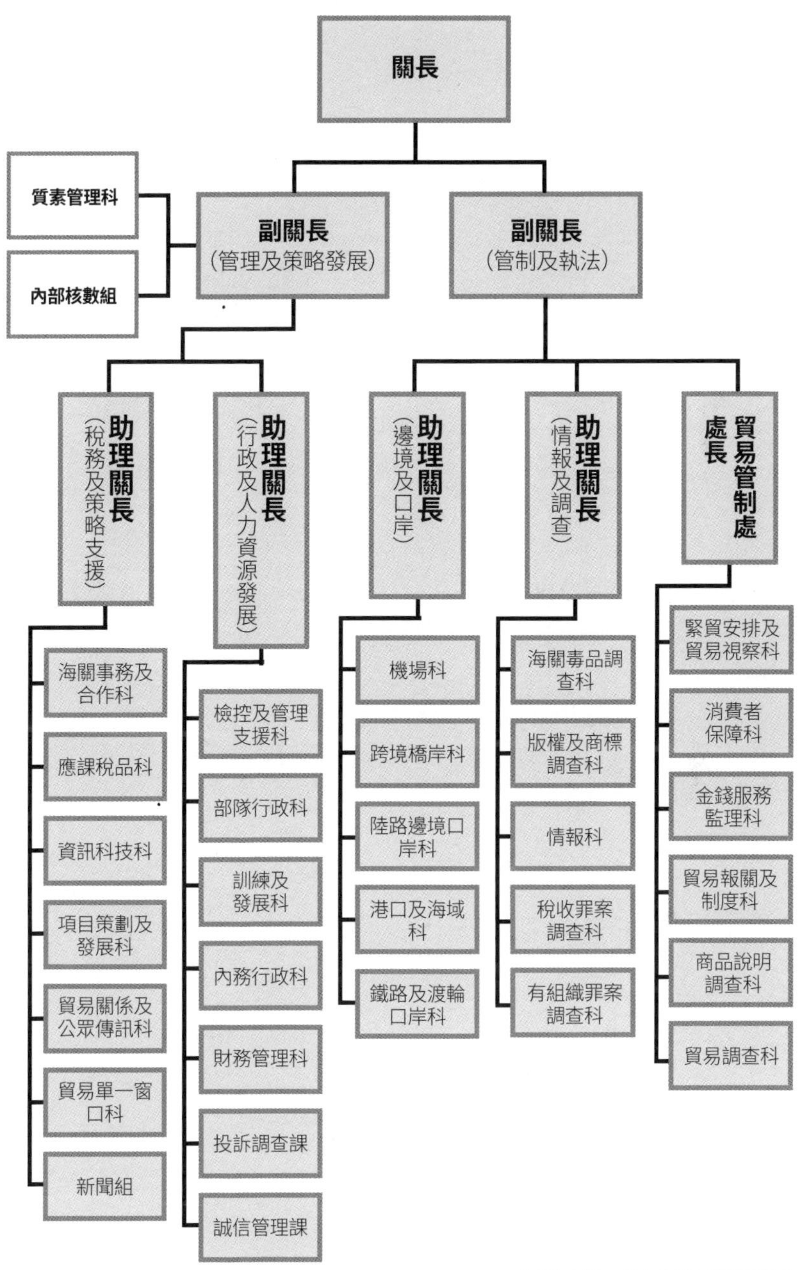

（資料來源：整合自香港海關網頁）

海關的首長為海關關長，關長轄下是副關長辦公室，而副關長辦公室轄下是5個處，分別擔任不同工作，由副關長級官員負責管理。5個處分別為：

1. 行政及人力資源發展處

負責海關部隊的人事管理、內務行政、財務管理和員工訓練等事宜，並掌管部隊行政科、內務行政科、財務管理科、檢控及管理支援科、訓練及發展科和投訴調查課。

2. 邊境及港口處

負責保安局管轄範圍內有關出入口管制的事宜，並管轄機場科、陸路邊境口岸科、跨境橋岸科、鐵路及渡輪口岸科和港口及海域科。

3. 稅務及策略支援處

負責財經事務及庫務局管轄範圍內有關應課稅品事宜、推行香港認可經濟營運商計劃、國際海關聯絡和合作事宜、發展項目的策劃並添置器材，以及資訊科技發展工作，並管轄應課稅品科、供應鏈安全管理科、海關事務及合作科、項目策劃及發展科、貿易單一窗口科、資訊科技科和新聞組。

4. 情報及調查處

有關職務範圍涵蓋兩個政策局，分別負責保安局管轄範圍內關於毒品、反走私活動的事宜；商務及經濟發展局管轄範圍內關於保護知識產權的工作；制訂有關使用情報和風險管理的政策和策略，並管轄海關毒品調查科、版權及商標調查科、情報科、稅收及一般調查科，及有組織罪案調查科。

5. 貿易管制處

負責商務及經濟發展局管轄範圍內有關貿易管制及保障消費者權益事宜，和財經事務及庫務局管轄範圍內有關監管金錢服務經營者事宜。貿易管制處轄下設有不同科系，包括：

(1) 緊貿安排及貿易視察科

(2) 消費者保障科

(3) 商品說明調查科

(4) 貿易報關及制度科

(5) 貿易調查科

(6) 金錢服務監理科

6. 管轄的政策局

隨着香港海關的多元化職能，海關關長除向保安局局長負責外，亦須向商務及經濟發展局局長和財經事務及庫務局局長負責。

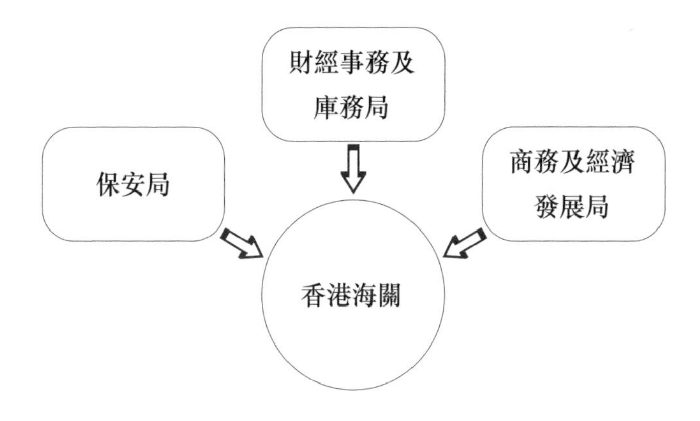

直接隸屬副關長的組織

為加強部門制度的誠信、提高部門的效率和工作成效，以及提升服務質素和標準，海關副關長直接管轄以下 2 個組別，分別負責管理審核和核數工作：

(1) 服務質素及管理審核科

(2) 內部核數組

「海關部隊」和「貿易管制處」

由於職能上的分別，香港海關由海關部隊和貿易管制處組成。雖然同時隸屬副關長，但貿易管制處是文職人員職系，海關部隊則是一支紀律部隊，除了同時受關長和副關長管轄外，兩者在組織和人事管理上並無聯繫。

貿易管制處負責保障消費者權益、監管金錢服務經營者、保障正當工商業及維護本港貿易的信譽。海關部隊則負責保護香港特別行政區以防止走私、保障和徵收應課稅品稅款、緝毒和防止販毒及濫用受管制藥物、保障知識產權。海關關員隸屬香港海關部隊，是根據香港法例第 342 章《香港海關條例》所成立的紀律部隊，職系包括關長、監督、督察及關員。

1.4 香港海關的編制與職級

截至 2022 年 4 月 1 日止，海關的職員編制達 7,400 人，包括：

- 10 名首長級人員（1 名關長、2 名副關長、4 名助理關長、1 名貿易管制處處長、2 名總監督）
- 6,161 名海關部隊人員
- 547 名貿易管制職系人員
- 682 名一般及共通職系人員

2022 至 2023 年度海關職級的編制如下，但實際人數會受多項因素（如辭職及提早退休）等影響。

海關部隊

職級	編制
海關助理關長	4
海關總監督	2
海關高級監督	18
海關監督	42
海關助理監督	105
海關高級督察	341
海關督察	550
總關員	355
高級關員	1095
關員	3631

貿易管制組

職級	編制
貿易管制處處長	1
總貿易管制主任	26
高級貿易管制主任	86
貿易管制主任	196
助理貿易管制主任	238

香港海關部隊的「職級」

職級中文名稱	職級英文名稱	簡稱
關長	Commissioner	C
副關長	Deputy Commissioner	DC
助理關長	Assistant Commissioner	AC
總監督	Chief Superintendent	CS
高級監督	Senior Superintendent	SS
監督	Superintendent	S
助理監督	Assistant Superintendent	AS
高級督察	Senior Inspector	SI
督察	Inspector	I
見習督察	Probationary Inspector	PI
總關員	Chief Customs Officer	CCO
高級關員	Senior Customs Officer	SCO
關員	Customs Officer	CO

香港海關部隊職級肩章

首長級人員	關長 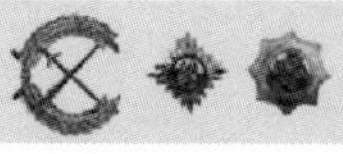
首長級人員	副關長 
首長級人員	助理關長 
首長級人員	總監督 
監督級人員	高級監督 
監督級人員	監督
監督級人員	助理監督 
督察級人員	高級督察 
督察級人員	督察 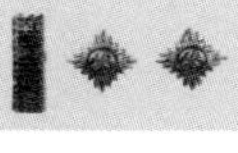
督察級人員	見習督察 
關員級人員	總關員 
關員級人員	高級關員 
關員級人員	關員 

1.5 香港海關部隊及裝備

1. 香港海關制服

- **夏季軍裝**：一般在客運組當值和從事行政工作時穿着。
- **冬季軍裝（俗稱：大褸）**：一般在客運組當值和從事行政工作時穿着。
- **蛤皮**：一般在貨物及車輛處理組、船隊或海關搜查犬組當值時穿着。
- **秋裝（又稱為：捲袖訓令）**：在冬季制服使用時，因應天氣較熱時可以酌情穿着秋裝當值。
- **天地線（又稱為：橫直帶）**：軍裝人員佩槍時穿上的（穿着蛤皮制服佩槍時，則穿上槍帶即可）。

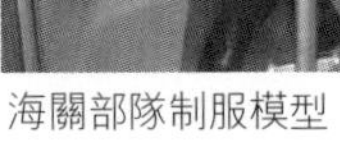

海關部隊制服模型

2. 海關使用的槍械

香港海關是 5 支獲得授權擁有及使用槍械的香港紀律部隊之一，學員於海關訓練學校接受訓練時均需要學習槍械的使用，於畢業後每年均需要到射擊場持續練習兩至三次。然而，佩槍執勤的人員僅限制於負責海上緝私及支援緊急行動的特遣隊，駐守於各口岸、負責處理嚴重罪行、緝毒及押解等任務的人員。除了長短槍外，海關人員同時配備胡椒噴霧及伸縮警棍等以應付日常的任務。

海關人員在使用槍械前有嚴格培訓，海關人員執行日常工作時會按需要獲發左輪手槍和伸縮警棍作為隨身武器，而半自動手槍只發給負責提供海關保護證人組使用。海關人員也會使用散彈槍和衝鋒槍。

一般的海關人員都不會長期獲發隨身武器，那些經常攜帶隨身武器的人員均是負責處理嚴重罪行、反毒品和在各口岸負責武裝護送工作的海關人員。

槍械型號	適用科系
史密斯威森軍警型左輪手槍 (Smith & Wesson Model 10)	一般海關人員標準佩槍，6 發子彈，0.38 口徑
格洛克 19（半自動手槍）(Glock 19)	保護證人組專用槍械，裝有 15 發 9 毫米子彈匣
雷明登 870 霰彈槍 (Remington 870)	適用於海關巡邏船日常工作和處理嚴重罪案
HK MP5 衝鋒槍 (Heckler & Koch MP5)	適用於海關巡邏船日常工作和處理嚴重罪案。標準式機關槍 (SMG)，裝有 30 發 9 毫米彈匣

海關部隊配備的槍械

3. 海關搜查犬

香港海關自 1974 年起就使用犬隻協助緝毒工作，並於 1978 年正式成立「緝毒犬小組」。三十年後的今日，「海關搜查犬組」正式在 2008 年 4 月 1 日成立，搜查犬被派駐不同的搜查犬基地，包括大欖、香港國際機場、落馬洲管制站及貨櫃碼頭等等，負責協助搜查毒品及爆炸品。搜查犬是關員執法時的得力助手，駐守香港最前線，成為打擊走私毒品的無名英雄。

香港海關現有 49 隻搜查犬，包括 47 隻緝毒犬及 2 隻爆炸品搜查犬，分別在機場、各陸路邊境管制站及貨櫃碼頭執行緝毒和搜查爆炸品的工作。在功能方面更可分為回類：活躍型搜查犬、機靈犬、複合型搜查犬、及爆炸品搜查犬。

(1) 活躍型搜查犬

牠們負責在機場等各海關檢查站嗅查貨物和旅客的托運行李。當嗅到毒品的氣味時，牠們便會採取主動，用爪抓劃可疑物品或向着可疑物品吠，領犬員得悉搜查犬的反應後，便通知當值海關人員對該可疑物品作深入檢查。

(2) 機靈犬

除貨物和旅客的托運行李外，機靈犬負責在海關檢查站嗅查旅客及所攜帶的隨身行李。為免在執行工作時令旅客感到驚恐，當機靈犬嗅到毒品的氣味時，牠們便會安靜地坐在對象的前面不動，領犬員便通知當值海關人員對該可疑旅客作進一步檢查。

(3) 複合型搜查犬

為靈活應付不同工作環境，海關備有複合型搜查犬，牠們集活躍型搜查犬及機靈犬的優點於一身，負責在機場等各海關檢查站嗅查出入境旅客及貨物。

(4) 爆炸品搜查犬

除搜查毒品外，海關也備有爆炸品搜查犬，負責在機場等各海關檢查站搜尋含有爆炸品的可疑物品。

4. 海關巡邏船隊

為打擊及遏止香港特別行政區水域的走私活動，香港海關派出巡邏船艇執行以下任務：

- 24 小時反走私巡邏
- 追截走私快艇及機動舢舨
- 運送海關人員往遠洋或內河船進行船隻搜查、貨物查驗、海岸巡邏及監察等行動

為適應香港不同的水域，香港海關會派出巡邏船艇在香港特別行政區水域執行反走私巡邏，船隊類型包括：

- 區域巡邏船；
- 海騎式橡皮艇；
- 淺水巡邏船；
- 高速截擊艇，及
- 運送海關人員的海港船。

5. 海關樂隊

除日常的執法工作外，香港海關也設有海關樂隊，樂隊於 1999 年成立，隸屬香港海關海關康樂及體育會，主要為海關各項官方聯誼活動及海關學員畢業典禮中提供專業樂隊服務。海關樂隊亦會應制服團體的邀請出席不同場合表演，參與社會服務。由海關關長出任樂隊總監。

1.6「海關部隊」的職能

雖同隸屬香港海關關長和副關長指揮，但海關部隊和貿易管制處在各自的專業分擔着不同的職能。而海關關員是隸屬香港海關部隊的一支紀律部隊，受嚴格紀律約束。海關關員主要負責執行有關保障稅收及徵收稅款、緝毒、防止走私和保護知識產權的工作。海關關員須受紀律約束，並要穿着制服、佩帶槍械、不定時工作及有需要時在香港特別行政區以外的地區工作。海關部隊的主要職能有以下四項：

1. 保障稅收

香港是自由港，沒有徵收進口關稅，根據《應課稅品條例》四類作香港本銷用途的商品，不論是進口或本地製造，均須課稅。包括：

- 碳氫油類（汽油、飛機燃油和輕質柴油）
- 酒精濃度以量計多於 30% 的飲用酒類
- 甲醇
- 煙草（除了無煙煙草產品）

凡進出口、製造或貯存應課稅品，均須向海關申領牌照。海關監管酒房、煙草製造商、酒類製造商、油庫，以及經營應課稅品的工商機構；以及保稅倉、一般保稅倉及公眾保稅倉；免稅的船舶補給品及飛機補給品的供應及貯存等。凡進出口、製造或貯存應課稅品，均須向海關申領牌照。

海關亦會根據《汽車（首次登記稅）條例》規定，評估車輛首次登記稅。

2. 防止及偵緝走私

海關根據《進出口條例》防止及偵緝走私活動，管制違禁品進出香港，檢查經海、陸、空各途徑進出口的貨品；在各出入境管制站檢查旅客和行李；搜查抵港和離境的飛機、船隻和車輛。海關特遣隊進行針對性的調查工作及打擊行動，支援打擊其他違反海關法例罪行的行動。透過在警察／海關聯合反走私特遣部隊的合作，聯手打擊香港水域內的走私活動。

3. 緝毒

香港海關在各出入境管制站堵截毒品，針對全港集團式販毒活動，展開調查和監視行動；調配緝毒犬並利用先進科技儀器（包括流動X光車輛檢查系統及車輛X光檢查系統）堵截毒品。海關亦調查清洗販毒得益案件，並向法庭提出凍結和充公來自販毒活動的財產的申請。海關執行發牌制度，管制用以製造危險藥物的 26 類化學前體的進出口及經營。下列是一些在香港常見的毒品：

- 海洛英
- 可卡因
- 氯胺酮
- 大麻
- 甲基安非他明（冰）

4. 保障知識產權

海關維護知識產權擁有人和正當商人的合法權益，執行《版權條例》、《商品說明條例》及《防止盜用版權條例》，調查和檢控一切有關偽冒商標和侵犯版權的非法行為。而受版權保護的物品包括：

- 文學
- 戲劇
- 音樂作品
- 藝術作品
- 聲音紀錄
- 影片
- 廣播
- 有線傳播節目
- 已發表版本的排印編排

除了在生產、貯存、零售及進出口層面上掃蕩盜版光碟外，海關更打擊機構的侵犯版權活動。海關成立兩支反互聯網盜版隊，以打擊網上侵權活動。海關電腦法證所會就侵權案件收集電子證據，保存、分析及於法庭呈示證物。另外，海關會根據《商品說明條例》打擊應用偽造商標或虛假標籤的商品活動。《防止盜用版權條例》規定本地的光碟及母碟製造商必須獲得海關批予特許，並為他們製造的所有產品標上特定的識別代碼。《進出口條例》規定，進出口光碟母版和光碟複製品的製作設備必須向海關申領許可證。

1.7 香港海關邊境檢查站

香港海關在各海、陸、空邊境管制站均派駐關員守關執法，檢查進出香港的旅客和貨物。管制站包括：

中國客運碼頭	港澳客輪碼頭
香港國際機場（包括海天碼頭和海運碼頭）	紅磡直通車站
羅湖管制站	落馬洲管制站
落馬洲支線管制站	文錦渡管制站
沙頭角管制站	深圳灣管制站
屯門渡輪碼頭	葵涌 - 青衣貨櫃碼頭
啓德郵輪碼頭	香港海域
天星海運碼頭	廣深港高速鐵路西九龍站（西九龍站內地口岸區除外）
港珠澳大橋香港口岸	香園圍邊境管制站
落馬洲邊境管制站	

1.8 香港海關執行職務時可引用的法例

根據《香港海關條例》（第 342 章），香港海關可根據以下 31 條香港法例執法，但連同其他透過不同部門首長授權執行的條例（俗稱「代理條例」（Agency Duties）），共有 53 條。從《香港海關條例》直接授權的 31 條香港法包括：

1	《進出口條例》	（香港法例第 60 章）
2	《郵政署條例》	（香港法例第 98 章）
3	《應課稅品條例》	（香港法例第 109 章）
4	《除害劑條例》	（香港法例第 133 章）
5	《危險藥物條例》	（香港法例第 134 章）
6	《抗生素條例》	（香港法例第 137 章）
7	《藥劑業及毒藥條例》	（香港法例第 138 章）
8	《化學品管制條例》	（香港法例第 145 章）
9	《植物（進口管制及病蟲害控制）條例》	（香港法例第 207 章）
10	《武器條例》	（香港法例第 217 章）
11	《火器及彈藥條例》	（香港法例第 238 章）
12	《危險品條例》	（香港法例第 295 章）
13	《儲備商品條例》	（香港法例第 296 章）
14	《空氣污染管制條例》	（香港法例第 311 章）

15	《商品説明條例》	（香港法例第 362 章）
16	《淫褻及不雅物品管制條例》	（香港法例第 390 章）
17	《保護臭氧層條例》	（香港法例第 403 章）
18	《販毒（追討得益）條例》	（香港法例第 405 章）
19	《狂犬病條例》	（香港法例第 421 章）
20	《玩具及兒童產品安全條例》	（香港法例第 424 章）
21	《有組織及嚴重罪行條例》	（香港法例第 455 章）
22	《消費品安全條例》	（香港法例第 456 章）
23	《刑事事宜相互法律協助條例》	（香港法例第 525 章）
24	《版權條例》	（香港法例第 528 章）
25	《防止盜用版權條例》	（香港法例第 544 章）
26	《中醫藥條例》	（香港法例第 549 章）
27	《化學武器（公約）條例》	（香港法例第 578 章）
28	《防止兒童色情物品條例》	（香港法例第 579 章）
29	《保護瀕危動植物物種條例》	（香港法例第 586 章）
30	《食物安全條例》	（香港法例第 612 章）
31	《打擊洗錢及恐怖分子資金籌集（金融機構）條例》	（香港法例第 615 章）
32	《聯合國（反恐怖主義措施）條例》	（香港法例第 575 章）

1.9 海關總部大樓

海關總部大樓正門及樓側

海關總部大樓座落於北角渣華道 222 號，樓高 32 層，樓面總面積約 41,000 平方米，是第一座為香港海關而建的總部大樓。雖然香港海關歷史已經超過百年，唯一直都沒有獨立的總部大樓，但隨着香港海關的職務日益繁重，總部大樓終於 2010 年 12 月啟用。海關總部眺望着維多利亞港，時時刻刻在監視着每一艘來往船隻，負起守護香港的重任。總部大樓容納大部分早前分佈全港不同地區的海關行政及調查科系的辦公室。為有助提高海關的運作效率和能力，並迎合部門的發展需要。除不同科系的辦公室外，海關總部大樓更設有下列設施：

· 健身室

健身室設備齊全

· 圖書館

藏書角及電腦間

· 室內練靶場
· 羈留中心
· 多用途演講廳
· 展覽館（10 樓是一般展館，25 樓是知識執法工作展館）
· 傳媒接待室
· 餐廳

知識產權執法工作展覽館

位於北角海關總部大樓 25 樓，展示逾 300 件海關人員自 1970 年代搜獲具代表性的侵權物品和冒牌貨品。

侵犯版權錄音帶

侵犯版權電腦軟件

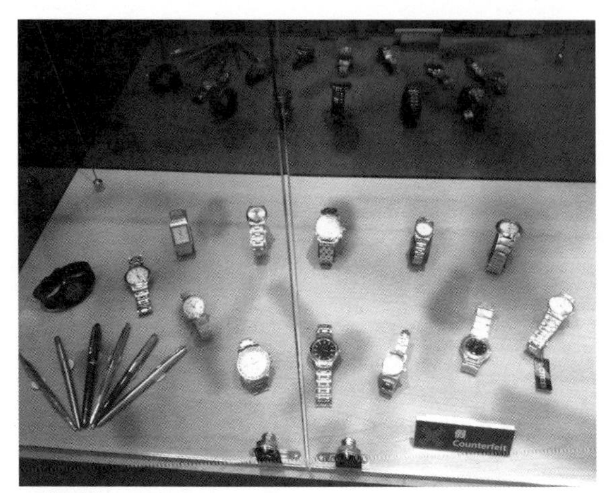

冒牌手錶

製作侵權電影和音樂作品的生產線

1.10 香港海關學院

香港海關學院正門

香港海關學院前身為香港海關訓練學校，成立於 1974 年，2018 年 12 月海關學院的督察及關員基本訓練課程獲香港資歷架構評審分別評為香港資歷架構第五級 (學士學位同級的資歷) 及第四級 (副學士學位或高級文憑同級的資歷) 課程。由 2019 年 1 月 1 日起開始入職及完成受訓成課程的督察將獲頒授「海關管理專業文憑」，而完成受訓成課程的關員則獲「海關關務專業文憑」。海關學院位於香港新界屯門大欖涌，專門為香港海關紀律部隊人員而設的完備訓練中心，訓練範疇廣泛，從海關人員的招募、新聘人員的基本培訓到在職人員的再教育。

香港海關學院是一個專門為海關紀律部隊人員而設的訓練中心，應徵者如獲聘為海關督察，需要在海關學院接受 24 星期的留宿訓練；獲聘為海關關員，須在海關學院接受 15 星期的入職訓練，入職訓練包括政府及法律知識、各種海關業務的專業知識，使他們作好準備為投身海關執法工作。在國際合作層面，香港海關學院早於 2004 年已獲世界海關組織指定為亞太區的區域訓練中心。香港海關學院內除了行政樓和課室外，更備有下列各種訓練設施：

1. 博物館

博物館有多個展覽區域，展示各種受管制物品及瀕危物種、吸毒工具、不同年代的冒牌貨品及侵權物品、海關各種不同年代制服及裝備、以及有一個小型影院播放短片介紹海關的歷史及工作。

海關博物館內展品

吸毒用品

海關巡邏船模型

炮竹及爆炸品

瀕危物種標本

非法製造毒品的器具

瀕危物種標本

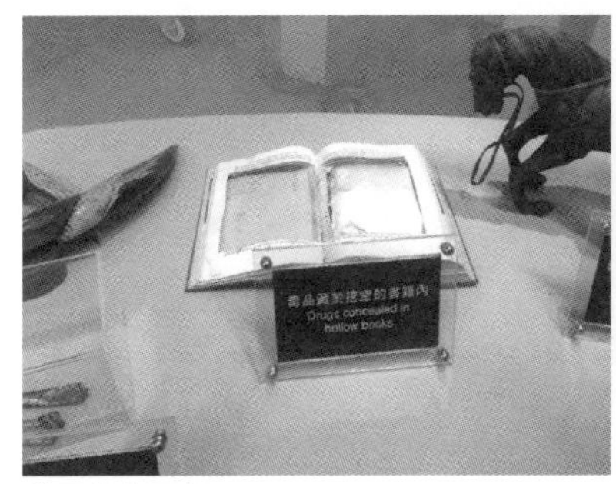

利用書本運毒

搜獲走私象牙

2. 專業發展大樓

為使新入職及在職同事認識香港海關不同工作環境，專業發展大樓提供各種實用及模擬訓練場地。大樓高兩層，設有八個模擬訓練場景，包括車輛及貨物檢驗場、旅客清關區、船底艙、住宅單位、模擬法庭、認人室、錄影會面室、及室內模擬射擊訓練靶場等，務求學員更掌握相關知識和技能。

專業發展大樓正門

模擬法庭

模擬海關清關室

模擬 X 光機、離子偵察器

模擬過境貨車搜查坑道

模擬船倉

模擬船倉

雷射手槍訓練室

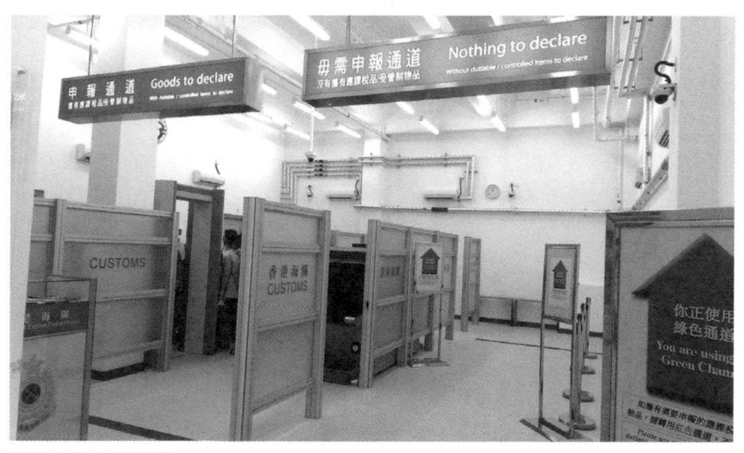

模擬海關紅綠通道

3. 游泳池

登上不同船隻執法是海關關員的日常工作範圍，配合工作需要，新入職學員在訓練期學習游泳及急救等的技巧，而每位新入職學員必須取得認可的拯溺急救證書方可成功畢業。

4. 步操場

對新入職學員來說，步操是日常重點訓練。受訓學員每天須在完成早晨跑步後，隨即換上制服到步操場接受步操訓練，訓練步操主要是培養隊員的團隊精神，訓練及教授不同步操的技巧。除了一般行進間步操，還會加插步槍、軍旗和劍等的步操方法。

海關學員正在訓練步操

5. 多用途場館

多用途場館是投考關員的考生接受某些體能測試的地方，其中的穿梯、靜態肌力、立地跳遠等體能測試都是在這裡舉行。此外，這場館也提供給正在受訓的學員加強體能的特別訓練。

日常訓練及投考海關時穿梯用的梯架

多用途場館

6. 學員宿舍

海關的入職訓練和某些特定的在職訓練都是住宿形式的，學員受訓期間會被派往學員宿舍居住。而房間則分開關員級和督察級，關員級的會較多人住在同一間房間，督察級

海關男督察學員宿舍

則較少人共用房間。一間房間最多能夠給 16 名學員居住。而海關訓練學校可以容納數百人在這裡同時留宿，同時開設多個繁重的訓練課程。

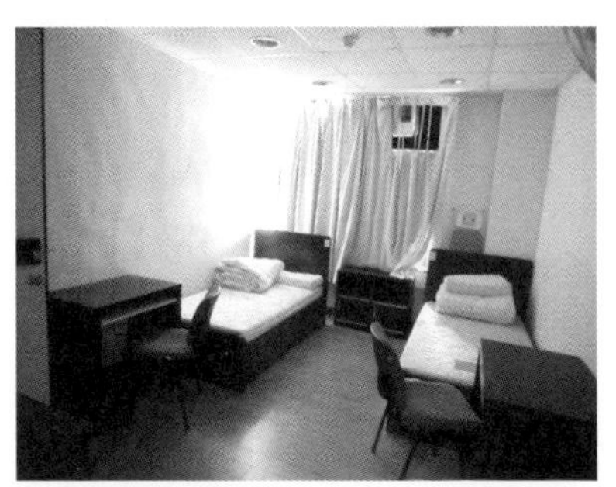
海關女督察學員宿舍

學員宿舍外景

從學員宿舍眺望操場

7. 射擊訓練場

為使學員進行日常執法工作中，可正確使用槍械和嚴格遵守有關的安全守則，射擊訓練場為每個入職學員和在職關員提供實彈射擊、使入職學員及在職關員熟習各種射擊策略，如快速射擊等。射擊訓練場更是在職海關人員週年考核的地方。

射擊訓練場

8. 攀石場

藉着攀石訓練，使學員正確地理解攀石的危險所在，啟發學員認識自己，加強自信和激發鬥志，可將體能進一步提升，訓練學員具備冷靜的頭腦、細心的觀察力和面對困難的勇氣，加深自我能力的認知及能夠在日常工作中應用風險評估。

攀石場與相連的行政樓

1.11「智慧海關」措施

（資料來源：香港海關網頁 http://www.customs.gov.hk/en/home/index.html）

「智慧海關藍圖」涵蓋三大方針，分別是：

(a) 海關角色的延伸、

(b) 服務領域的擴展及

(c) 海關職能的提升。

「三互」精神，香港海關致力與內地各關區秉持：

(a) 信息互換、

(b) 監管互認、

(c) 執法互助

「三互」合作理念，鞏固及加強雙方的「互聯互通」與「互助互信」。

「智慧海關藍圖」與「三互」理念相互結合，將大大促進大灣區內的相互快速通關，同時對接「一帶一路」建設，使香港更充分發揮「以香港所長，貢獻國家所需」的優勢。

「智慧海關藍圖」涵蓋海關所有的核心工作，最終目標是透過規劃、研發及調配各種系統、設備、裝置及工具方面運用創新科技，以及在部門內部共享數據，實現智慧海關一體化。

「智慧海關藍圖」建基於以下四大支柱進一步提升海關的職能－

(a) 智慧邊界管理；

(b) 智慧調查及案件管理；

(c) 智慧便商利貿；及

(d) 智慧營商發展。

四個支柱概念，構建「智慧海關藍圖」，以配合「粵港澳大灣區」及「一帶一路」倡議的發展。在四大支柱中，「智慧邊界管理」和「智慧調查及案件管理」着重護法守關。

(A) 智慧邊界管理

智慧邊界管理旨在將更多人工智能元素融入清關工作，以便利跨境旅客和貨物快速清關，同時以精準和具針對性的方式打擊屬海關執法範疇的罪行。透過更廣泛和普遍運用先進設備、精密的分析系統及其他創新科技，海關的服務和清關效率，以及打擊走私及其他罪行的執法能力，將得以提升。

隨着人工智能的發展，海關引入更多具備自動偵測違禁品功能的先進設備，新設備包括用於現有 X 光檢查器，內設人工智能功能的自動偵測儀，以及電腦掃描檢查系統。近年引進了多款先進檢查裝備，包括門架式 X 光車輛檢查系統、流動 X 光車輛檢查系統、手提式 X 光檢查器、拉曼光譜分析儀 (Raman Spectrometer) 等。

1. X 光機自動偵測儀

現有 X 光機已安裝 X 光影像分析支援系統，分析不同形狀、密度、紋理，自動偵測違禁品。透過比對可疑物件與數據庫內的 X 光影像，快速自動辨識違禁品，例如槍械和武器、香煙和通訊設備等。

2. X 光影像分析支援系統

將車輛的 X 光影像與 X 光影像數據庫進行實時比對，以提升海關執行檢查工作的效能。

3. 車輛查驗策略分析系統

為海關於跨境私家車清關工作提供全面數據支援、提供全面的數據支援、查車報告電子化。電子化車輛搜查報告和即時風險分析功能，即時風險分析等功能，以便利跨境私家車的車輛清關工作。

4. 空運貨物清關輪候系統

貨運代理透過手機應用程式排隊輪候清關、掌握排隊狀況、收到推送通知，節省輪候時間。

5. 電腦掃描檢查系統

360 度無死角掃描行李和貨物，並運用工智能，進行影像分析，能更準確知悉有關行李和貨物的情況。

6. X 光影像分析支援系統

就違禁品收藏手法提供 X 光影像中央資料庫，並配備各種度身訂造功能，包括將車輛過往的 X 光影像進行實時比對及分析，以提升海關檢查工作的效能。陸路邊境管制站已廣泛使用。

7. 智能郵包檢查運輸系統

將快遞郵包迅速地從車輛運送到 X 光掃描系統進行檢查，提升清關效率。系統已在落馬洲口岸安裝，有運打擊以郵包販毒的跨境罪行。

8. 智慧酒類評稅系統

透過將酒類飲品上的標籤與數據庫作即時配對，從而提高酒類飲品評稅工作的效率，從而加快評稅程序，並縮短旅客的等候時間

(B) 智慧調查及案件管理

9. 海關罪行大數據分析系統

海關推出「海關罪行大數據分析系統」打擊侵權罪行，販運危險藥物、販賣私煙及非法進出口瀕危物種等罪行，成為智慧型分析平台，提升海關在處理情報、調查案件及偵測罪案的能力。運用大數據分析人工智能，更精確地分析罪案數據及情報，偵測隱藏的罪案風險及預報犯罪趨勢。

10. 智慧證物管理系統

海關現正研發「智慧證物管理系統」，以進一步理順檢獲物品於存入、貯存及提取期間的管控和保安。實時監察檢獲物品在倉庫內的位置，並透過 AI 應用技術，其中無線射頻識別技術，優化利用貯存空間，大幅改善倉庫的整體管理效率。

11. 智能酒精檢測儀

快速檢測酒精消毒產品是否含有甲醇，保障消費品安全及公眾健康。

(C) 智慧便商利貿

12. 貿易單一窗口第一階段

海關提供一站式電子平台讓業界隨時提交進出口貿易文件等。系統第一階段經已投入服務，供業界提交 14 類進出口貿易文件，正籌劃第二及第三階段。

13. 貨物大數據先導系統

透過運用大數據分析和人工智能，協助識別可疑貨物和車輛，提升海關對海量貨物數據進行的分析，加強執法，增強風險管理能力。亦可減少合法貨物被檢查的次數，以提高海關的清關效率。

14. 跨境一鎖計劃 2.0

海關已獲創新及科技局撥款，研究進一步加強跨境一鎖硬件兼容能力、安全性，以便兩地海關參考互認。為業界提供無縫清關服務。

(D) 智慧營商發展

15. 網上自我評估工具

海關優化「香港認可經濟營運商計劃」，推出了網上自我評估工具，讓有興趣公司更準確地了解認證標準，及初步評估是否具備所需條件

16. 優先處理香港 AEO「中轉易」的申請

海關優化「香港認可經濟營運商計劃」，優先處理香港認可經濟營運商 (HKAEO) 的自由貿易協定中轉貨物便利計劃的申請，使企業享有關稅優惠，促進營商發展，促進與其他經濟體系「互認安排」的實施。

17. 電子數據交換平台

與其他經濟體系的海關建立更安全、準確及有效地交換認可經濟營運商的資料的電子數據交換平台，促進相關「互認安排」的實施。

第 2 章
海關關員遴選實況

2.1 入職要求及申請方法

1. 入職要求

投身香港海關成為海關關員，必須符合 4 大條件：

(1) 永久性居民

除另有指明外，申請人於獲聘時「必須」已成為香港特別行政區永久性居民。

(2) 學歷要求

香港中學文憑考試五科考獲第 2 級或以上成績，或具同等學歷，或香港中學會考五科考獲第 2 級／E 級或以上成績，或具同等學歷（註：上述科目可包括中國語文科及英國語文科）。

政府在聘任公務員時，2007 年前的香港中學會考中國語文科和英國語文科（課程乙）C 級及 E 級成績，在行政上會分別被視為等同 2007 年或之後香港中學會考中國語文科和英國語文科第 3 級和第 2 級成績。

(3) 語文能力要求

在香港中學文憑考試或香港中學會考中國語文科和英國語文科考獲第 2 級或以上成績，或具同等成績；能操流利粵語。

(4) 通過遴選程序

符合上述要求的人士經過既定遴選程序便可入職為海關關員。

2. 申請方法

當香港海關署需要招聘「海關關員（Customs Officer）」的職位時，會在本地報章刊登廣告，詳細列明入職條件、職責、聘用條款、申請手續及查詢方法等。

假如你有興趣申請加入香港海關成為「海關關員（Customs Officer）」，請留意報章的招聘廣告。而有關招聘廣告亦會上載至香港海關的網頁（http://www.customs.gov.hk/tc/about_us/recruitment/customs_officer/index.html）以及公務員事務局互聯網站的政府職位空缺查詢系統之網頁（http://www.csd.gov.hk），以供瀏覽。

2.2 薪酬及聘用條款

1. 薪酬

海關關員的薪酬由一般紀律人員（員佐級）薪級表第 5 點（每月 $24,725）至第 16 點（每月 $35,215）（頂薪點的資料只供參考，該項資料會隨公務員週年薪酬調整作出更改）。

香港海關部隊 2023 至 2024 年度薪酬一覽表

職級	薪酬 （港幣 $ ）	
關長	279,600	287,900
副關長	219,850	240,000
助理關長	179,450	200,650
總監督	163,900	174,400
高級監督	150,265	158,355
監督	128,510	150,265
助理監督	100,200	123,905
高級督察	83,270	96,600
督察	46,925	81,400
總關員	46,625	60,095
高級關員	36,215	46,625
關員	24,725	35,215

備註：海關督察和海關關員是招聘職級

一般紀律人員（員佐級）薪級表

職級	薪點	由 2023 年 4 月 1 日起
總關員	32	60,095
總關員	31	57,235
總關員	30	54,505
總關員	29	51,910
總關員	28	49,935
總關員	27	48,015
高級關員	26	46,625
高級關員	25	45,235
高級關員	24	43,930
高級關員	23	42,800
高級關員	22	41,615
高級關員	21	40,485
高級關員	20	39,415
高級關員	19	38,360
高級關員	18	37,315
高級關員	17	36,215
關員	16	35,215
關員	15	34,230
關員	14	33,260
關員	13	32,290
關員	12	31,305
關員	11	30,350
關員	10	29,395
關員	9	28,485
關員	8	27,510
關員	7	26,575
關員	6	25,800
關員	5	24,725

2. 聘用條款

成為海關關員的附帶福利包括有薪假期、醫療及牙科診療。在適當情況下，可獲得房屋資助。在關員職系裡面，房屋資助則以已婚職員宿舍為主。香港海關按宿舍的數量和等級（以面積大小計算），以計分方式編配宿舍給已婚的現職海關部隊人員。計分標準包括申請人職級、服務年資和子女數目等。已婚職員宿舍的分佈地區頗為廣泛，其中數量最多的有紅磡區、沙田區、粉嶺區、屯門區、鴨脷洲和將軍澳等。

2.3 遴選流程

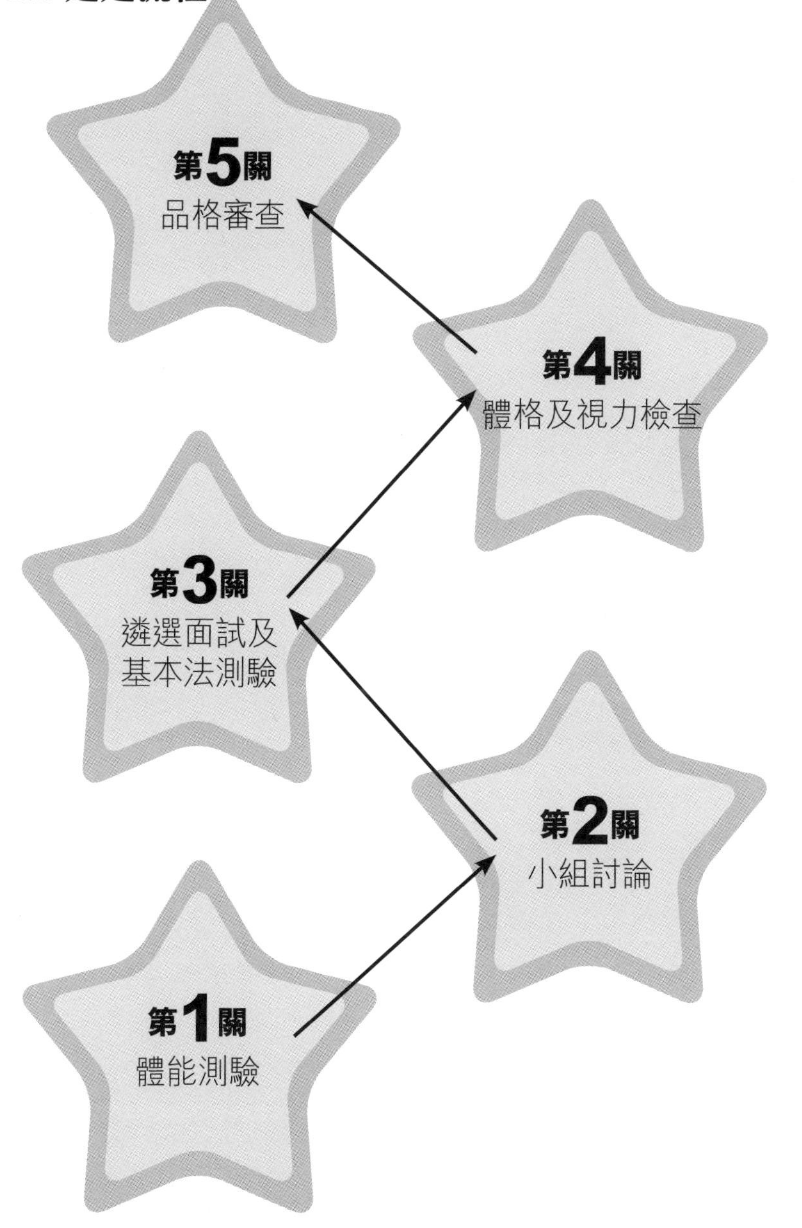

【Day 1】

「第一關」體能測驗，成功過關的考生會被安排休息，休息過後勇闖下一關。

「第二關」小組討論，考生將以小組形式用廣東話討論一條時事題目。每位考生會有 1 分鐘時間就題目表達自己的觀點，然後考生會就其他考生所提出的觀點自由討論。題目的討論時間大約為 25 分鐘。考生必須於小組討論的環節取得合格的成績，才可繼續參與於另一日舉行的遴選面試。

【Day 2】

「第三關」遴選面試及基本法測驗，獲邀參加遴選面試的申請人，會被安排於面試當日參加一項《基本法》知識測試。成功通過遴選的面試者會收到通知，在指定日期到指定醫療機構接受「第四關」體格檢查和視力測驗。

【Day 3】

成功過四關的考生將會收到通知，在指定日期到香港海關人事部填寫一份 GF200 表格（俗稱三世書）。海關會根據 GF200 所填報的資料作「第五關」的品格審查。

【Day 4】

成功勇闖五關的考生將會收到香港海關人事部的通知信，在指定日期到香港海關訓練學校接受 20 個星期的關員入職訓練。

【第一關】體能大考驗

在第一關，考生要接受 4 項體能測驗，分別考驗考生不同方面的身體機能。有關測驗是根據海關獨特的工作環境而制定的。這 4 項體能測驗包括：

· 立定跳遠測試
· 穿梯測試
· 四項靜態肌力測試（包括上臂力、肩膊力、腿力及背力）
· 800 米跑測試

1. 體能測驗規則

· 體能測驗的各項目計分方法同時適用於男女考生。
· 為確保考生能多方面均符合海關職能要求，考生必須於每個測驗項目中最少獲得 1 分及於 4 個測驗項目中合共獲得 12 分或以上，才算體能合格。如其中任何一項未能取得分數，就算其如三項取得滿分，也是不合格，未能晉級。

2. 如何為體能測驗作好準備？

(1) 立定跳遠測試

「立定跳遠」是一項腿力的測驗。各類跳躍練習都可以提升腿力，而與下肢有關的肌肉訓練都是提高腿部力量的良好方法，例如「深蹲」或以器械輔助進行「坐腿撐」及「坐腿伸」等腿部訓練。

(2) 穿梯測試

「穿梯」是一項身體敏捷度的測驗。「穿梭跑」、「50 米短跑」

及「俯臥撐」都是提高身體敏捷度的良好訓練方法。考生要提升在「穿梯」項目中的表現，可以多做上述運動。在正常情況下，如果考生能夠在 12 秒內完成來回 10 米距離的穿梭跑 2 次，便有機會在這項目中取得理想的成績。

(3) 靜態肌力測試

「靜態肌力測試」是一項身體四個大肌肉部位力量的測驗，其中包括上臂、肩膊、腿部及背部的力量測試，以 4 個測試所得力量的總和計算得分。考生要提升在這項測試的表現，可以多做以各大肌肉組群為對象的肌肉訓練，例如上臂、肩膊、腿部及背部等肌肉。在正常情況下，如果考生能夠從立定位置跳得 175 厘米的距離及能夠做到 20 次掌上壓，便有機會在這項目中取得理想的成績。

(4) 800 米跑測試

「800 米跑」是一項混合「有氧耐力」及「無氧爆發力」的運動能力測驗。如果考生要提升在「800 米跑」的表現，可以多做跑步運動，配合均勻的呼吸，以「中快」的速度進行中距離（800 米至 1600 米）的跑步練習是有效的訓練方法。

（資料來源：香港海關網頁）

I. 立定跳遠測試

考生立定於指定起跳線，在沒有助跑下雙腳向前跳，考官會量度起跳線與考生腳踭距離，或考生其他較近起跳線而接觸地面的身體其他部分，以較近者為準。距離越遠越高分。合格距離是 165 厘米，距離達 235 厘米得最高的 5 分。

(A) 計分方法：

表現	得分
少於 165 厘米	0 分
165 至 182.4 厘米	1 分
182.5 至 199.9 厘米	2 分
200 至 217.4 厘米	3 分
217.5 至 234.9 厘米	4 分
235 厘米或以上	5 分

(B) 規則：

- 考生雙腳放平站在開始線後等候指示。
- 當考官指示可以開始，考生須在 5 秒內完成整個向前跳的動動作，雙腳亦須齊起齊落。
- 立定跳遠的距離計算方法，乃由開始界線起計，至考生落地後腳踭位置。如考生的身體其他部分也接觸地面，就以最近開始線的距離計算成績。
- 考生在正式測驗前可試跳一次，試跳一次後測驗正式開始。

(C) 安全措施：

- 為免受傷，考生在測驗開始前必須做足熱身。
- 測驗開始前，必須脫掉一些危及安全的配飾（如金屬皮帶扣、頸鍊及戒指等）。
- 在測驗開始前或進行立定跳遠時需留意是否出現異樣，如發現身體不適、精神恍惚或暈眩等，可向測驗員求助及停止測驗。
- 在立定跳遠後應保持站立在原位，要保持身體平衡，防止身體向前衝，待考官量度跳遠距離後方可離開。

II. 穿梯測試

(A) 計分方法：

表現	得分
超過 51.82 秒	0 分
43.42 至 51.82 秒	1 分
35.01 至 43.41 秒	2 分
26.60 至 35 秒	3 分
18.19 至 26.59 秒	4 分
18.18 秒或以下	5 分

(B) 規則：

- 雙腳放平站在開始線後等候指示。
- 當測驗員指示可以開始，考主需以最快時間完成攀爬及穿梭上整個木架的動作。
- 整個木架高 4.7 米、闊 2.7 米，以多條木條分隔成 4 欄 8 列。
- 考生需向上攀爬並穿越 4 個不同高度的指定格位（每個格位大約長 64 厘米、闊 40 厘米，需穿越的格位均包上紅條以作標示），直至最高位置。回程時考生亦同樣需穿越原先指定的 4 個格位向下攀落，直至返回開始界線為止。
- 考生在正式測驗前可試爬一次，試爬一次後測驗正式開始。

(C)安全措施：

- 為免受傷，考生在測驗開始前必須做足熱身，考官也會檢查有關設施是否安全妥當及確保所有安全保護地墊妥當放好。
- 測驗開始前，考生必須脫掉一些危及安全的配飾（如金屬皮帶扣、頸鍊及戒指等）。

· 在穿梯時如發現身體不適、精神恍惚或在高處身體顫抖，可向測驗員求助及停止測驗。

· 在整個攀爬木架的過程中，任何時間都要確保最少有一隻手是抓緊木架，絕對不可雙手同時放開。

III. 靜態肌力測試（上臂力、肩膊力、腿力及背力）

(A) 計分方法：

表現	得分
少於 127.56 公斤	0 分
127.56 至 171.27 公斤	1 分
171.28 至 214.99 公斤	2 分
215 至 258.71 公斤	3 分
258.72 至 302.43 公斤	4 分
302.44 公斤或以上	5 分

(B) 規則：

· 整個靜態肌力測驗分為手臂力、肩膊力、腿力及背力四項測驗。

· 考生在四項測驗中取得之力量總和便是此項測驗之成績。

手臂力測驗

· 考生需挺直站在一部測驗肌力的儀器上，雙手反握（掌心向上）儀器的控桿，手肘成 90 度角以致前臂平放與地面平衡，考官調較控桿的高度至適當位置。

· 當考官指示開始，考生以最大的手臂力把控桿拉起，使測驗肌力的儀器錶板上出現讀數，有關單位以千克（Kg）計算。
· 考生在正式測驗前可以五成力量試拉一次，作用是令自己熟悉有關儀器的操作。

肩膊力測驗

· 考生需挺直站在一部測驗肌力的儀器上，雙手正握（掌心向下）儀器的控桿。控桿的高度與手臂力測驗時一樣，故此測驗員無需再調較控桿的高度。
· 當考官指示可以開始，考生必須以肩膊帶動用力把控桿提起，提起時需將肩膊及手肘同時向上提升，使測驗肌力的儀器錶板上出現讀數，有關單位以千克（Kg）計算。
· 考生在正式測驗前可以五成力量試拉一次，作用是令自己熟悉有關儀器的操作。

腿力測驗

· 考生需挺直站在一部測驗肌力的儀器上，然後輕輕把膝頭微微屈曲致使膝頭與腳尖成一直線（但上身仍須挺直），雙手正握（掌心向自己身體）儀器的控桿，手肘需伸直成 180 度角以致前臂與地面成直角。考官調較控桿的高度至適當位置。
· 當考官指示開始，考生必須以腿部肌力撐起，使控桿向上拉，但手肘不可彎曲，使測驗肌力的儀器錶板上出現讀數，有關單位以千克（Kg）計算。

背力測驗

· 考生需彎腰站在一部測驗肌力的儀器上，雙手正握（掌心向自己身體）儀器的控桿，手肘需伸直成 180 度角以致前臂與地面成直角。控桿的高度與腿力測驗一樣，故此考官無需再調較控桿的高度。
· 當測驗員指示可以開始，考生必須以背部肌力把控桿拉起（拉起時手肘、膝頭不可彎曲），使測驗肌力的儀器錶板上出現讀數，有關單位以千克（Kg）計算。
· 考生在正式測驗前可以五成力量試拉一次，作用是令自己熟悉有關儀器的操作。

(C) 注意重點：

· 合格標準為以上 4 種肌力之總和達至 215kg 或以上。
· 上述 4 項肌力測驗，考生必須在拉起控桿後保持 2 至 3 秒時間才放鬆，確保讀數出現。

(D) 安全措施：

· 為免受傷，考生在測驗開始前必須做足熱身，及切忌作出突然的爆發式拉力，應以漸進式的發力式進行。
· 測驗開始前，必須脫掉一些危及安全的配飾（如金屬皮帶扣、頸鍊及戒指等）。
· 在測驗開始前，留意是否出現異樣，如身體不適、精神恍惚或暈眩等，可向考官求助及停止測驗。
· 在測驗開始前，確保鐵鍊在緊扣鐵環及完全伸展的情況下才發力進力測驗。

IV. 800米跑測試 (摘錄自香港海關網頁)

(A) 計分方法：

表現	得分
超過 3 分 45 秒	0 分
3 分 31 秒至 3 分 45 秒	1 分
3 分 16 秒至 3 分 30 秒	2 分
3 分 01 秒至 3 分 15 秒	3 分
2 分 46 秒至 3 分	4 分
2 分 45 秒或以下	5 分

(B) 規則：

- 考生須站在開始界線後等候指示。
- 當測驗員指示可以開始，考生必須以最短的時間跑畢 800 米的距離。
- 考生在正式測驗前沒有試跑機會。

(C) 安全措施：

- 考生在測驗開始前必須做足熱身及穿合適衣物。
- 測驗開始前，必須脫掉一些危及安全的配飾（如金屬皮帶扣、頸鍊及戒指等）。
- 在測驗開始前，留意身體有否出現異樣，如發現身體不適、精神恍惚或暈眩等，可向測驗員求助及停止測驗。
- 開跑前檢查鞋繩是否綁緊，在跑步轉彎時減低速度，免生意外。
- 遇上炎熱天氣，可先喝少量清水。

【第二關】小組討論

1. 小組討論被納入關員遴選程序

從 2016 年起，海關關員考核程序有所更改，將不會採用任何筆試方式，以往的中、英文及能力傾向筆試轉為小組討論，討論內容圍繞民生議題，測試考生對時事的認知、思考溝通能力。

程序上，考生須先通過同日進行的體能測試及小組討論，成功者再接受最後遴選面試。

為何要改考核程序？隨着海關工作漸趨多元化，關員在口岸執勤時，常與旅客溝通，關員在執行職務時運用有效的人際溝通至為重要。故從 2016 年起，由中、英文及能力傾向筆試轉為小組討論後，面試官更能確切評核考生的人際溝通技巧。小組討論將涉及時事問題，考生要對時事有認知和關心，知道及明瞭該則新聞或時事，才能抒發己見;之後就是如何表達自己、與組員溝通，同時亦考核思想、判決力。考生需多閱讀新聞，與時並進，留意時事及民生問題。

不少人可在單對單情況下，口若懸河、滔滔不絕地發表他們的想法，及與對方有效地討論，但在小組討論情況時卻張口結舌，啞口無言。小組討論可有效識別哪些人擁有組織溝通能力和哪些人不具備這種小組的溝通技巧。小組討論現已成為香港海關招聘過程中的一個必然的部分及篩選過程。

考生要特別注意，不要將「小組討論」當成「小組辯論」，在討論進行期間要細心聆聽同組其他考生的論點。不要搶着發言，討論期間更切勿針鋒相對，論點要有理據。不要作人生攻擊。

2. 小組討論本質

✓ 小組討論本質上是一個針對說話技巧的測試，考生要發揮他們的說話技能，以讓面試官篩選有潛能的考生。

✓ 小組討論被視為一個評估的工具，在同一考核環境下，一氣呵成地以相同角度及標準比較各個考生的表現高低。

3. 小組討論與公開演講的分別

無論在形式、規模、目的、發言技巧上，以及講者與聽眾的互動性等，小組討論與公開演講兩者有極大的分別。故考生必須明瞭小組討論所注重的是甚麼技能，方能針對重點，在小組討論中，脫穎而出。

(1) 小組討論的特色

· 是群組的互動

· 不是個人表演，但當然可發表個別意見

· 在群組內的所有成員均參與其中及必須傾聽其他成員的意見

(2) 公開演講的特色

· 個人面對群組的以一對眾的狀況

· 是個人的表演

· 講者向群組發表個人觀點

· 講者會在特定的位置就特定題目向眾人演講

4. 小組討論的類型

就不同討論的目的和功能，小組討論基本一般可分為兩類：

(1) 主題為本型

· 整個小組討論針對某一特定主題。

· 這個特定主題可能是取用於過往的新聞報導，或一些社會上具爭議性的題目。

· 香港海關招聘過程的小組討論常以主題為本的討論方式。

(2) 案例研究為本型

· 整個小組討論試圖模擬某些極複雜問題，讓來自不同專業範疇參與者可在同一場合從不同的專業角度、經驗和立場，不受任何限制地發表專業意見。

· 小組討論的目的是解決某些特定問題，並沒有對或錯的答案。

· 這種小組討論形式通常使用在管理機構，例如俗稱「腦震盪」的專題討論和難題尋求解決方法。

5. 主題為本小組討論

(1) 討論的題目是經已發生的事實或少爭議性

· 通常是關於一般人所應知道的常識。

· 所討論的題目通常有關社會經濟主題，更可能是近期新聞報導過的社會時事，或者是在社會上長期引起廣泛討論的命題。

· 其目的是給考生一個機會，證明他對周邊社會發生的事有一定的認識和了解。

(2) 討論的題目具爭議性

· 題目在本質上是具爭論性的，意味着會在社會上產生矛盾。

· 遇到這些題目便要特別小心，在討論過程中，通常會有較激烈的互相爭辯，噪音通常較高，甚至會發生互相指罵的情況。

- 採用具爭議性的題目的目的，是通過討論過程，讓考官觀察各考生可否運用理智和邏輯發表自我觀點，可否以成熟態度處理矛盾，保持冷靜而不隨意發怒。

6. 小組討論過程

- 香港海關小組討論主題，以「主題為本」為基礎。
- 小組時事討論將以 8 至 10 人一組，以 25 至 30 分鐘討論一條時事命題，整個討論過程以中文及廣東話進行。
- 各考生可以在一個圓形或矩形排列坐下。
- 主持小組討論的考官通常是 2 至 3 位，均穿上與其階級相關的海關制服，其中一位是主考官。
- 考官首先在屏幕上投射一個特定的中文討論題目，內容一般是香港社會關心的題目或時事。以下都是可能出現的題目：
  - 政府應該就安樂死立法
  - 香港應否恢復死刑
  - 香港應否立法子女供養父母
  - 香港應否採用道路電子收費
  - 香港是否適宜居家就業
  - 政府施政報告指出將香港發展為智慧城市，香港政府如何配合
  - 網購成風，提高消費者墮入陷阱，意識保護消費者權益
  - 香港有老鼠為患問題，老鼠引致戊型肝炎，政府怎樣解決
  - 政府收回東隧專營權之後可如何經營
- 每個考生會有 1 分鐘的思考時間。要留意的是按現時的安排，海關不會提供紙張和書寫工具給考主起草，除非有特別情況。但現時各考生只能在其腦海中思考指定的討論問題，及同時組織有關發言和論點。

- 其後每人有一分鐘發言，表示立場。之後，有 10-15 分鐘自由討論時間，全程約 25 分鐘。
- 整個討論過程中，負責的海關考官只會觀察及評核各考生的表現，不會發言，更不會參與討論。故考生千萬不要在討論進行中與考官談話。

7. 評核的標準

考官會以多角度和不同層面觀察考生在小組討論中的表現。一般包括以下多個評估標準和能力準則：

(1) 態度

考生應在參與討論時表現熱情和投入討論。

(2) 信心

發表個人觀點時，是否充滿信心地闡述，遇到別人不同意自己觀點或挑戰時，能否有理據地回應和自信的溝通。

(3) 溝通技巧

考生與其他組員討論時，能夠運用人際溝通技巧，議論有條理，說話清晰，用心聆聽，保持禮貌，尊重他人發言，拒絕咄咄逼人及要運用良好肢體語言。

(4) 知識

對討論主題有認識，及認識與該主題相關的社會議題或政策，以及對主題認知的深入程度和廣闊度。

(5) 個性

在討論過程中，考生表現出敏捷思考和智慧、正向思維和樂觀心態。

(6) 分析技能

在討論過程中，對命題和其他組員的論點運用邏輯和理性思考分析，不會過早下結論。

(7) 說服技巧

其他組員不同意自己的意見時，也能夠說明相關理據及有效說服其他參與者，而不咄咄逼人。

(8) 創造力

考生可從不同層面和多角度思考特定的討論題目，不會拘泥慣性思想模式，跨越新的理念。

8. 小組討論的預備工作

(1) 有關討論內容

· 考生需要加強及發展個人對社會時事和商業趨勢的認知。
· 選定不同的社會主題，草擬正與反的論據，儘量考慮正反兩面的說法。

(2) 行為特性

除熟習和加強認識社會時常外，更要留意在討論進行時的行為特性，其中包以下：

· 當討論偏離主題時，能協調各成員重歸討論主題。

· 向其他組員發表個人意見和觀點時，顯示積極和自信。

· 要細心聆聽其他組員的不同意見和觀點，在回應或發表意見和觀點時，平衡地吸納其他組員相關的論點，以後作適當回應。

9. 小組討論注意事項的「宜」和「不宜」

「宜」

✓ 尊重其他組員發言權利和貢獻

✓ 發言時要流暢

✓ 用心聆聽其他組員發言及觀點

✓ 學會禮貌地不同意

✓ 尊重他人有不同的看法

✓ 首先思考對討論有何貢獻再發言

✓ 討論內容要與話題相關

✓ 採用「開放」和「友好」的身體語言

✓ 如果小組討論偏主題，禮貌地把各人帶回到主題，例如說：「這是一個有趣的問題，我們稍後再討論好嗎？」

✓ 儘量講清楚自己意見和觀點，不要耳語

「不宜」

× 如果有其他組員跟你持不同意見，不要覺得冒犯。

× 不要嘲笑其他組員的言論，例如：不要說：「這是荒謬的」或「你錯了」。

× 不要試圖恐嚇其他講者。

× 不要使用一個響亮的或憤怒的語氣，如果你咄咄逼人，別人不會要聽你的。

× 不要使用攻擊性的手勢，例如用手指指向他人或拍桌。

× 不要霸佔討論主導地位，自信的人讓別人沒有說話的機會。

× 不要過分借鑒個人的經驗，當然適當的經驗借鑒是有助討論。

× 不要中斷或點評另一位發言者，聆聽別人可賺取你被他人聆聽的權利。

10. 小組討論重點注意事項

(1) 要預先溫習及準備一些與社會話題有關的評論，加深自己對某些熱門時事的認識和了解。

(2) 仔細聆聽及小心思考討論的主題，有序地組織你的觀點。

(3) 要表現自信而不霸道，儘量保持良性討論交流和使用平衡及清晰的語氣和聲調。

(4) 儘量記住其他參與討論考生的名字，當你回應某個考生的意見時，儘量要稱呼他的名稱。

(5) 如討論良久仍未有所結論，在時間許可情況下，可就曾討論議題作最後總結，但要簡單摘要，切忌長篇大論。

(6) 如考主動啟發討論，只有當你清楚地了解該主題和有一定的了解才可發表言論。

(7) 尊重他人說話，即使你不同意他的意見。也不要中斷任何人的發言，待輪到你發言時才作回應。

(8) 說話清楚，說話時使用簡單的言詞，咬字清楚，小心懶音。

(9) 保持禮貌，如果和其他考生持不同意見時，要以禮貌及不亢不卑的態度作回應，千萬不要流於激動。

(10) 穿合適服飾，不要穿着花巧和浮誇的服飾，要以莊重為主。

(11) 持有積極的態度，要有信心，但不要試圖主宰任何人，保持積極的身體語言，顯示對辯論的興趣和熱心。

11. 小組討論急救室

(1) 開始討論之前是否有時間準備？

在考官提出討論題目後，通常會給參與者一些時間，大約有 1 分鐘給你整合個人的想法，但也可能有例外情況而稍有改動有關時間，所以要作最好準備。

(2) 我應否和考官們談話？

在小組討論進行期間，千萬不要和考官們談話，這是嚴重的錯誤。因只有你和其他組員才會參與小組討論，而不是考官，考官只負責評核各人的表現。小組討論期間，你必須避免，甚至要忽略考官的存在，全心全意投入討論。

(3) 小組討論時座位安排是甚麼樣的？

小組討論時可能採取半圓、圓形或長方形的座位安排。最好不要理會這樣瑣碎的問題，況且你沒有控制權。

(4) 我應該如何稱呼其他組成員？

如果你主動發起討論，可以向整個組別成員稱呼「各位朋友」。隨後，如開始討論前，已經有一個自我介紹環節，你還記得其他成員的名字，可用名字稱呼。

(5) 假設我有很多的話題要發表，我應該一次過說出來嗎？

如果你不停地講你個人意見，霸佔所有的時間，不聽其他組員發言，你是不會受歡迎的。說話最多的人不一定會評為最佳表現之一，考官重視的是說話質量而不是發言次數多寡。況且尊重他人發言也是其中一個評核標準。

(6) 我是否應該鼓勵其他人說話？

如有組員保持一貫沉默，不要直接地讓他當場成為眾人焦點。但如果有人試圖說話及有良好的觀點，但不斷地被其他人切斷發言，你可鼓勵他繼續表述。

(7) 在討論進行時，我應否計算時間？

討論過程中，如果你有時間意識，這是很好的，可幫助你更好管理時間，但不要因看手錶分心而導致跟不上討論進程。

(8) 是否有哪些特定的座位安排會有利於考生表現？

如果各考生被安排在一個圓圈或半圈坐，任何的一個位置都分別不大。如坐在一個長方形餐桌的兩邊，如可能的話，選擇儘量靠近中心的位置。

(9) 討論開始前，應否在各組員之中任命一位領導來開始討論？

不可以，領導者會在討論過程中通過各人的表現暗中建立，實在不宜主動提出選出領導。

(10) 如果我對有關題目在強烈個人感受，我應該表達我的感受嗎？

在小組討論中保持冷靜和穩定情緒十分重要，如果你的反應表現激烈，情緒波動，你很可能在小組討論進行時失去控制。切記要時刻保持冷靜、理性，而不是情緒化。

(11) 如我對有關題目十分熟悉，我可以使用與題目相關的術語嗎？

如果你需要使用術語，要用全個稱號或名稱，儘量不要用簡稱或術語。在提出術語後，再向大家解釋該術語是甚麼意思，以顧及其他的參與者可能來自不同的學術背景。

(12) 甚麼是合適的時間參與討論以確保大家會聽我的發言？

在任何小組討論過程中，都會有高峰期和低谷期。在討論進行到高峰期時，各人都積極發言，噪音會此起彼落。在討論進行到低谷期時，各人幾乎完全沉默。最理想的情況，是在討論發展到低谷期時主動啟動討論及發言。但競爭激烈的討論高峰期常常發生，而低谷期鮮有出現，在這種情況下，便不要理會高峰期或低谷期，不論噪音水平如何，只要具備有關題目的論點，便要爭取發言機會。

(13) 當各人討論激烈，噪音水平太高，我何如何參加討論？

當討論愈見激烈，噪音水平太高時，你可以嘗試以下策略：

- *識別當中最強勢的發言者，並記下他的發言和論點。*
- *當噪音水平稍為降低片刻時，儘量插入討論並支持該強勢的發言者的論點。*

(14) 在小組討論中，應否做第一個發言者？

作為第一位發言者是一個高風險但高回報的策略。如果你有一個很好的開場白，和議論與討論題目有密切關係，及可為以後的討論進程設置基調和方向，這樣會給你的表現加分。不過，如果你只是為發言而發言，而不是真的有甚麼真知灼見，這樣會只帶給你負面的評價。

(15)在小組討論中，是否須要舉例說明？

採用例子可更好的幫助闡述你的觀點和幫助他人理解你的想法，但要簡潔，不要長篇大論，因為在競爭激烈的小組討論中，沒有人會有耐心聽長篇言論的。

(16)在小組討論中，我應發言多少次及多久？

在一個25至30分鐘的小組討論，有8至10考生參與討論，你應嘗試爭取參與至少4至5次以上的發言，每次發言至少持續25至30秒。這當然要取決於你個人的舒適感覺程度和當時環境，要靈活調節參與發言次數和時間。

(17)在討論過程是否適宜表現幽默？

視情況而定。在寬鬆的討論氣氛中，這是可以接受的。但在競爭激烈的局面，每一位考生都顯得緊張，你的幽默便極不合適。

(18)如果別人說了我想說的話，我該怎麼辦？

為了避免這樣的情況，你可在討論開始4至5分鐘的時候爭取發言。否則，你有兩種選擇：

- *同意該人提出的觀點，並將其觀點再加發揮，拓闊議論範圍，或*
- *放棄這個論點但同時開拓新思維，發展新觀點。*

(19)主考官可否在規定的時間未完前叫停討論？

在極端情況下，這是可能出現的。如果小組討論變得太嘈雜，各考生互相對罵，秩序混亂，主考官可因情況難於控制而叫停討論，但這是極為罕見的。

(20) 可否向其他出席討論者提問尖銳的問題？

如這是為了澄清論點的目的，向某位組員提問是正常的，但不可是為了玩弄對方或直斥其非。

(21) 最後總結是否絕對必要的？

不是，但如果小組在時間完結前並無達致結論的話，有某位考生可把整個討論作一簡單摘要是好的，且該考生可為自己表現爭取好評。但如果沒有足夠的時間的話，便可以避免作最後摘要。

(22) 如果某個成員表現非常頑固和侵略性，我該怎麼做？

可以嘗試向他直指出大家都清楚知悉他的觀點，因時間關係，小組討論要繼續。

【第三關】
遴選面試，《基本法及香港國安法》測試

體能測驗和遴選面試會在同日舉行，考生必須成功通過體能測驗，取得所需合格分數，才可進入遴選面試階段。有關遴選面試的詳情，如面試形式、評核準則、如何作好面試準備等，在本書〈第 3 章　面試攻略〉中有詳盡介紹。

1.《基本法及香港國安法》知識測試及試題參考範本

獲邀參加遴選面試的申請人，會被安排於面試當日參加一項《基本法及香港國安法》知識測試。投考海關關員的考生，在《基本法及香港國安法》知識測試的表現，是評核其整體表現的其中一個考慮因素。

在形式上，《基本法及香港國安法》測試是一份分別設有中、英文版本，共 20 題的選擇題試卷，考生須於 35 分鐘內完成，內容均源自《基本法及香港國安法》條文。申請人如在 20 題中答對 10 題或以上，會被視為取得《基本法及香港國安法》測試的合格成績，有關成績可用於申請所有學歷要求低於學位／專業程度的公務員職位。考生可在各區的民政事務署索取下《基本法及香港國安法》小冊子，或到以下的政府網頁下載：http://www.basiclaw.gov.hk/tc/index/index.html?noredirect=1；而有關於《基本法及香港國安法》知識測試的內容、參考題目以及常見問題，均可以瀏覽公務員事務局的網頁：http://www.csb.gov.hk/tc_chi/recruit/cre/1408.html

投考海關關員的考生，如曾參加由其他政政部門安排或由公務員事務局舉辦的《基本法及香港國安法》知識測試，則可獲豁免再次參加《基本法及香港國安法》測試，並可使用之前的測試結果作為《基本法及香港國安法》知識測試成績。因此如有關考生曾參與《基本法及香港國安法》測試並得到優越成績，則可以使用此成績，但必須出示《基本法及香港國安法》知識測試成績通知書「正本」，有關成績才可以獲得接納及認可。

但考生亦可以選擇再次參加《基本法及香港國安法》知識測試，而在這種情況下，則會以投考人在投考目前職位時所取得的最近期成績為準。

2. 基本法測試範例

（資料來源：整合自公務員事務局）

例題 (1)

根據《基本法》第五十四條，協助香港特別行政區行政長官決策的是哪一個機構？

A. 香港特別行政區行政會議

B. 香港行政局

C. 策略發展委員會

D. 中央政策組

答案：A

According to Article 54 of the Basic Law, which organ is responsible for assisting the Chief Executive of the HKSAR in policy making?

A. The Executive Council of the HKSAR

B. The Hong Kong Executive Council

C. The Commission on Strategic Development

D. The Central Policy Unit

Answer: A

例題 (2)

香港特別行政區境內的土地和自然資源是屬於 _____ 所有。

A. 中華人民共和國

B. 香港特別行政區政府

C. 中華人民共和國和香港特別行政區

D. 中華人民共和國和英國

答案：A

The ownership of all the land and natural resources of HKSAR belong to

A. The People Republic of China

B. The Government of HKSAR

C. The People Republic of China and The Government of HKSAR

D. The People Republic of China and The United Kingdom

Answer: A

例題 (3)

《基本法》的修改權屬於 ________________。

A. 香港特別行政區立法會

B. 香港特別行政區制憲會議

C. 中華人民共和國全國人民代表大會

D. 中華人民共和國全國人民代表大會常務委員會

答案：C【《基本法》第一百五十九條】

The power to amend the Basic Law is vested in __________.

A. The Legislative Council of the HKSAR

B. The Constitutional Assembly of the HKSAR

C. The National People's Congress of the People's Republic of China

D. The Standing Committee of the National People's Congress of the People's Republic of China

Answer: C 【Article 159 of the Basic Law】

例題 (4)

香港特別行政區在經濟、貿易、金融、航運、通訊、旅遊、文化、體育等領域，可以用甚麼名義單獨地同世界各國、各地區及有關國際組織保持和發展關係，簽訂和履行有關協議？

A. 中國香港

B. 香港中國

C. 香港特別行政區

D. 香港關稅區

答案：A【《基本法》第一百五十一條】

What name may the HKSAR use to maintain and develop relations and conclude and implement agreements on its own with foreign states and regions and relevant international organizations in the appropriate fields, including the economic, trade, financial and monetary, shipping, communications, tourism, cultural and sports fields?

A. Hong Kong, China

B. China, Hong Kong

C. Hong Kong Special Administrative Region

D. Hong Kong Customs Territory

Answer: A 【Article 151 of the Basic Law】

例題 (5)

以下哪一條不是根據《基本法》第十八條及附件三在香港特別行政區實施的全國性法律？

A. 中華人民共和國國籍法

B. 中華人民共和國國旗法

C. 中華人民共和國政府關於領海的聲明

D. 中華人民共和國立法法

答案：D

Which of the following is not a national law applicable in the HKSAR according to Article 18 of and Annex III to the Basic Law?

A. Nationality Law of the People's Republic of China

B. Law of the People's Republic of China on the National Flag

C. Declaration of the Government of the People's Republic of China on the Territorial Sea

D. Law on Legislation of the People's Republic of China

Answer: D

例題 (6)

以下哪項權利和自由不是《基本法》規定香港居民所享有的？

A. 在法律面前一律平等

B. 人身自由不受侵犯

C. 和平發展的權利

D. 信仰的自由

答案：C

Which of the following rights or freedoms is not a right enjoyed by Hong Kong residents under the Basic Law?

A. All equal before the law

B. Freedom of the person of Hong Kong residents shall be inviolable

C. Right to peaceful development

D. Freedom of conscience

Answer: C

例題 (7)

根據《基本法》第十四條，駐軍的費用由 ＿＿＿＿＿ 。

A. 香港特別行政區負擔

B. 中央人民政府負擔

C. 中央人民政府及香港特別行政區各分擔一半

D. 中央人民政府負擔百分之九十，其餘由香港特別行政區負擔

答案：B

According to Article 14 of the Basic Law, __________.

A. expenditure for the garrison shall be borne by the HKSAR

B. expenditure for the garrison shall be borne by the Central People's Government

C. expenditure for the garrison shall be borne by the HKSAR and the Central People's Government equally

D. 90 per cent of the expenditure for the garrison shall be borne by the Central People's Government and the remaining shall be borne by the HKSAR

Answer: B

例題 (8)

根據《基本法》第一百零八條，香港特別行政區立法規定稅種、稅率、稅收寬免和其他稅務事項時，是參照原在香港實行的哪一項稅務政策？

A. 簡單稅制

B. 公平稅制

C. 低稅政策

D. 高稅政策

答案：C

According to Article 108 of the Basic Law, what was the tax policy previously pursued in Hong Kong that is to be taken as reference by the HKSAR in enacting laws concerning types of taxes, tax rates, tax reductions, allowances and exemptions, and other matters of taxation?

A. Simple tax policy

B. Fair tax policy

C. Low tax policy

D. High tax policy

Answer: C

例題 (9)

香港特別行政區最高級的法庭是哪一個法庭？

A. 香港特別行政區上訴法庭

B. 香港特別行政區終審法院

C. 中華人民共和國最高人民法院

D. 中華人民共和國全國人民代表大會常務委員會

答案：B

Which is the highest court in the HKSAR?

A. The Court of Appeal of the HKSAR

B. The Court of Final Appeal of the HKSAR

C. The Supreme People's Court of the People's Republic of China

D. The Standing Committee of the National People's Congress of the People's Republic of China

Answer: B

（資料來源：公務員事務局網頁 http://www.csb.gov.hk/tc_chi/recruit/cre/1408.html）

3. 國安法測試範例

（資料來源：整合自公務員事務局）

例題 (1)

以下哪一選項最準確描述制定《中華人民共和國香港特別行政區維護國家安全法》的法律依據？

A. 《中華人民共和國憲法》和《中華人民共和國香港特別行政區基本法》

B. 《中華人民共和國憲法》、《中華人民共和國香港特別行政區基本法》和《全國人民代表大會關於建立健全香港特別行政區維護國家安全的法律制度和執行機制的決定》

C. 《中華人民共和國憲法》、《中華人民共和國香港特別行政區基本法》和《中華人民共和國刑法》

D. 《全國人民代表大會關於建立健全香港特別行政區維護國家安全的法律制度和執行機制的決定》、《中華人民共和國刑法》和《中華人民共和國國家安全法》

答案：B

Which of the following options most accurately describes the legal basis for enacting the "Law of the People's Republic of China on Safeguarding National Security in the Hong Kong Special Administrative Region"?

A. "Constitution of the People's Republic of China" and "Basic Law of the Hong Kong Special Administrative Region of the People's Republic of China"
B. "Constitution of the People's Republic of China", "Basic Law of the Hong Kong Special Administrative Region of the People's Republic of China" and "Decision of the National People's Congress on Establishing and Improving the Legal System and Enforcement Mechanisms for Safeguarding National Security in the Hong Kong Special Administrative Region"
C. "Constitution of the People's Republic of China", "Basic Law of the Hong Kong Special Administrative Region of the People's Republic of China" and "Criminal Law of the People's Republic of China"
D. "Decision of the National People's Congress on Establishing and Improving the Legal System and Enforcement Mechanism for Safeguarding National Security in the Hong Kong Special Administrative Region", "Criminal Law of the People's Republic of China" and "National Security Law of the People's Republic of China"

Answer: B

例題 (2)

根據《中華人民共和國香港特別行政區維護國家安全法》第二條，香港特別行政區任何機構、組織和個人在行使權利和自由時，＿＿＿＿＿＿。

A. 不可基於客觀事實批評香港特區政府的政策

B. 不受任何限制或約束

C. 不得違背有關香港特別行政區是中華人民共和國不可分離的部分的規定

D. 不必尊重他人權利和自由

答案：C

According to Article 2 of the Law of the People's Republic of China on Safeguarding National Security in the Hong Kong Special Administrative Region, any institution, organization or individual in the Hong Kong Special Administrative Region shall ＿＿＿＿＿＿ when exercising their rights and freedoms.

A. not criticize the policies of the HKSAR government based on objective facts

B. not subject to any restrictions or constraints

C. not violate the provisions concerning the Hong Kong Special Administrative Region being an inalienable part of the People's Republic of China

D. not have to respect the rights and freedoms of others

Answer: C

例題 (3)

以下哪一項不是香港特別行政區維護國家安全委員會根據《中華人民共和國香港特別行政區維護國家安全法》第十四條承擔的職責？

A. 就危害國家安全案件提出檢控

B. 推進香港特別行政區維護國家安全的法律制度和執行機制建設

C. 分析研判香港特別行政區維護國家安全形勢

D. 協調香港特別行政區維護國家安全的重點工作

答案：A

Which of the following is not the responsibility of the National Security Committee of the Hong Kong Special Administrative Region under Article 14 of the "Law of the People's Republic of China on Safeguarding National Security in the Hong Kong Special Administrative Region"?

A. Prosecution in cases of endangering national security

B. Promote the construction of the Hong Kong Special Administrative Region's legal system and enforcement mechanism for safeguarding national security

C. Analyzing and judging the situation of safeguarding national security in the Hong Kong Special Administrative Region

D. Coordinating the Hong Kong Special Administrative Region's key tasks in safeguarding national security

Answer: A

例題 (4)

以下哪項不是《中華人民共和國香港特別行政區維護國家安全法第四十三條實施細則》明文規定下可採取的措施？

A. 向懷疑已干犯危害國家安全罪行而受調查的人要求交出旅遊證件及限制離境

B. 在不經審判的情況下，對懷疑已干犯危害國家安全罪行的人進行無限期行政拘留

C. 凍結、限制、沒收及充公與干犯危害國家安全罪行有關的財產

D. 對電子平台訊息實施禁制行動

答案：B

Which of the following is not a measure that can be taken under the "Detailed Implementation Rules for Article 43 of the Law of the People's Republic of China on Safeguarding National Security in the Hong Kong Special Administrative Region"?

A. Requiring persons under investigation for suspected crimes endangering national security to surrender travel documents and restrict leaving the country

B. Indefinite administrative detention without trial of persons suspected of having committed crimes endangering national security

C. Freezing, restricting, confiscating and confiscating property related to crimes endangering national security

D. Prohibition of messages on electronic platforms

Answer: B

例題（5）

以下哪一項不是香港特別行政區維護國家安全委員會的成員？

A. 保安局局長

B. 警務處處長

C. 海關關長

D. 懲教署署長

答案：D

Which of the following is not a member of the National Security Committee of the Hong Kong Special Administrative Region

A. Secretary for Security

B. Commissioner of Police

C. Commissioner of Customs

D. Commissioner of Correctional Services

Answer: D

例題（6）

香港特別行政區維護國家安全委員會由 ________________ 擔任主席。

A. 行政長官

B. 政務司長

C. 律政司長

D. 保安局局長

答案：A

The National Security Committee of the Hong Kong Special Administrative Region is chaired by ______________.

A. Chief Executive

B. Chief Secretary for Administration

C. Secretary for Justice

D. Secretary for Security

Answer: A

例題（7）

以下哪一項不是根據《中華人民共和國香港特別行政區維護國家安全法》第三章指明的罪行？

A. 分裂國家罪

B. 顛覆國家政權罪

C. 恐怖活動罪

D. 刑事恐嚇罪

答案：D

Which of the following is not a crime specified under Chapter III of the Law of the People's Republic of China on Safeguarding National Security in the Hong Kong Special Administrative Region?

A. The crime of secession

B. Subversion of State power

C. Terrorist offenses

D. Criminal intimidation

Answer: D

例題（8）

非法改變香港特別行政區或者中華人民共和國其他任何部分的法律地位是屬於下列那一項《中華人民共和國香港特別行政區維護國家安全法》指明的罪行？

A. 分裂國家罪

B. 顛覆國家政權罪

C. 恐怖活動罪

D. 勾結外國或者境外勢力危害國家安全罪

答案：A

Illegally changing the legal status of the Hong Kong Special Administrative Region or any other part of the People's Republic of China falls under which of the following crimes specified in the Law of the People's Republic of China on Safeguarding National Security in the Hong Kong Special Administrative Region?

A. The crime of secession

B. Subversion of State power

C. Terrorist offenses

D. The crime of colluding with foreign countries or foreign forces to endanger national security

Answer: A

例題（9）

嚴重干擾、阻撓、破壞中華人民共和國中央政權機關或者香港特別行政區政權機關依法履行職能是屬於下列那一項《中華人民共和國香港特別行政區維護國家安全法》指明的罪行？

A. 分裂國家罪

B. 顛覆國家政權罪

C. 恐怖活動罪

D. 勾結外國或者境外勢力危害國家安全罪

答案：B

Seriously interfering with, obstructing, or undermining the lawful performance of functions by the central government organs of the People's Republic of China or the Hong Kong Special Administrative Region is a crime specified in the "Law of the People's Republic of China on Safeguarding National Security in the Hong Kong Special Administrative Region"?

A. The crime of secession

B. Subversion of State power

C. Terrorist offenses

D. The crime of colluding with foreign countries or foreign forces to endanger national security

Answer: B

例題（10）

意圖實現政治主張破壞交通工具、交通設施、電力設備、燃氣設備或者其他易燃易爆設備屬於下列那一項《中華人民共和國香港特別行政區維護國家安全法》指明的罪行？

A. 分裂國家罪

B. 顛覆國家政權罪

C. 恐怖活動罪

D. 勾結外國或者境外勢力危害國家安全罪

答案：C

Destroying facilities of transportation, electrical equipment, gas equipment, or other flammable and explosive equipment in an attempt to achieve political advocacy falls under which of the following crimes specified in the "Law of the People's Republic of China on Safeguarding National Security in the Hong Kong Special Administrative Region"?

A. The crime of secession

B. Subversion of State power

C. Terrorist offenses

D. The crime of colluding with foreign countries or foreign forces to endanger national security

Answer: C

例題（11）

為外國或者境外機構、組織、人員竊取、刺探、收買、非法提供涉及國家安全的國家秘密或者情報屬於下列那一項《中華人民共和國香港特別行政區維護國家安全法》指明的罪行？

A. 分裂國家罪

B. 顛覆國家政權罪

C. 恐怖活動罪

D. 勾結外國或者境外勢力危害國家安全罪

答案：D

Stealing, spying on, buying, or illegally providing state secrets or intelligence related to national security for foreign or overseas institutions, organizations, or personnel falls under which of the following crimes specified in the "Law of the People's Republic of China on Safeguarding National Security in the Hong Kong Special Administrative Region"?

A. The crime of secession

B. Subversion of State power

C. Terrorist offenses

D. The crime of colluding with foreign countries or foreign forces to endanger national security

Answer: D

例題（12）

以下哪一項不是根據《中華人民共和國香港特別行政區維護國家安全法》第三十三條對犯罪行為人、犯罪嫌疑人、被告人自動投案，實供述自己的罪行；及揭發他人犯罪行為時的處理方法？

A. 可以從輕處罰

B. 可以減輕處罰

B. 犯罪較輕的，可以免除處罰

C. 可得獎金

答案：D

Which of the following is not a treatment in accordance with Article 33 of the "Law of the People's Republic of China on Safeguarding National Security in the Hong Kong Special Administrative Region" when a criminal perpetrator, criminal suspect, or defendant voluntarily surrenders to the crime and confesses his crime; and when exposing other people's criminal behavior Approach?

A. Can be given a lighter punishment

B. May mitigate punishment

C. If the crime is relatively minor, the penalty may be exempted

D. Bonuses available

Answer: D

例題（13）

根據《中華人民共和國香港特別行政區維護國家安全法》第三十六 至 三十八條，下列那類人士適用於《中華人民共和國香港特別行政區維護國家安全法》？

A. 不具有香港特別行政區永久性居民身份的人

B. 香港特別行政區永久性居民

C. 在香港特別行政區成立的公司、團體等法人或非法人組織

D. 以上皆是

答案：D

According to Articles 36 to 38 of the "Law of the People's Republic of China on Safeguarding National Security in the Hong Kong Special Administrative Region", which of the following types of persons are applicable to the "Law of the People's Republic of China on Safeguarding National Security in the Hong Kong Special Administrative Region"?

A. Persons without permanent resident status of the Hong Kong Special Administrative Region

B. Permanent residents of the Hong Kong Special Administrative Region

C. Companies, organizations and other legal persons or unincorporated organizations established in the Hong Kong Special Administrative Region

D. All of the above

Answer: D

【第四關】體格檢查及視力測驗

1. 體格檢查

成功通過面試的考生，通常在 4 至 6 個星期內收到通知書，於指定時間到特定醫療機構接受免費的體格檢查。除一般身體檢查外，考生更需要填報自己的病歷、曾否接受外科手術、其他家庭成員是否有遺傳性疾病等。醫生會向香港海關提交報告，香港海關在作出取錄決定時也會考慮有關驗身報告。

主要的體格檢查包括：

1	考生過去病歷及病症
2	考生有否接受外科手術、損傷、殘疾、過敏、服食藥物歷史
3	其他家族成員遺傳性病歷
4	考生健康狀況
5	量高、磅重、檢驗血壓
6	皮膚、淋巴腺、甲狀腺、心肺功能、腹部、手腳四肢、脊柱、神經反射系統等檢驗
7	話語能力、聽覺、視力和色弱等檢驗
8	胸部X光檢驗
9	心電圖
10	抽取尿液樣本
11	抽取血液樣本

2. 視力測驗

視力測驗會與體格檢查同日進行，由特定的醫療機構負責，視力測驗會分兩部分：視力測試及色弱測試。摘下眼鏡驗一次，戴上眼鏡驗一次。

(1) 近視／遠視檢測

香港海關對關員的要求是正常視力，容許在執行職務時佩戴眼鏡，因此在測試過程中考生可佩戴眼鏡或隱形眼鏡做測試。

在測驗開始時，驗眼師會要求考生站在特定距離（即大約 3 米距離），憑鏡子反射為考生測試視力。考生首先在沒有佩戴任何眼鏡的情況下進行，如過關則立即進行色盲及色消程度測試；如考生在沒有佩戴眼鏡下未能過關，考官會着令考生佩戴眼鏡或隱形眼鏡再進行測試，如過關則進行色盲及色消程度測試。因此如考生在日常生活中須佩戴眼鏡，謹記帶備有關眼鏡或隱形眼鏡參與視力測驗。

(2) 色盲及色消程度測試

檢測過程中，考生不可佩戴任何眼鏡、隱形眼鏡或其他視力輔助器具。考生要清楚讀出不同圖案中表示的數字、文字或線條。香港海關可容許考生有一般程度的近視或遠視，但卻不容許考生有任何色盲。

【第五關】品格審查

最後一關是品格審查，海關會透過多個機構，包括香港的內部查核、香港警察刑事紀錄、廉政公署紀錄等作全面查察。成功進入品格審查階段的考生會收到海關人事部通知，在指定時期到海關人事部填寫一份「一般審查表格（GF 200）」，俗稱「三世書」。需要填報的資料繁多，涵蓋考生本人、父母、兄弟姊妹和他們的配偶（如已婚）、考生的配偶（如已婚）、考生配偶的父母（如已婚者）、考生配偶的兄弟姊妹（如已婚者）。品格審查主要分為下列範疇：

- 刑事紀錄（考生及所有家庭成員的刑事紀錄）
- 財務狀況（銀行戶口、股票、債券、信用卡、樓宇按揭、其他財務機構債務欠款）
- 教育情況（香港境內及境外的中學及以上的所有學歷證明及校內活動紀錄）
- 工作紀錄（現職公司、前任職公司；所有全職、兼職、及義務之工作紀錄）
- 家庭背景（所有家庭成員之背景資料）

1. 填報品格審查表格 GF（200）

整份品格審查表格分為 10 個部分，填報內容從考生本人為中心，放射至其他家庭成員，包括考生的配偶、子女、父母、兄弟姊妹、配偶父母和配偶的兄弟子妹等。所填報的資料除了香港內部審查外，也會送交香港警察部及廉政公署作審閱及核實，故考生必須真實填報，如有任何漏報或虛報，將影響有關審查結果。

(1) 考生個人資料

填寫真實姓名（如曾有更改姓名，必須填報以往的姓名）、香港身分證號碼等資料、國籍、護照及其他旅行證件號碼、婚姻狀況、香港現時及曾經居住的地址、在香港以外地方的住址。

(2) 丈夫／妻子的資料

丈夫／妻子的真實姓名，包括妻子婚前的姓名、香港身分證號碼等資料、國籍、住址、任職的機構及職位、僱主名稱及地址。如已去世／退休／分居／離婚，也要填報相關日期。

(3) 考生的就業及就學詳情

按日期順序列出曾在香港或香港以外地方就讀的學校、級別及學校地址，曾在香港或香港以外地方任職的機構（包括兼職及義務工作）、職位及機構地址。

(4) 曾否在香港或其他地方的被定罪？

只要填上考生本人曾否被定罪。必須真實填報，如被查證為虛報，將喪失取錄資格。

(5) 申請其他政府職位詳情

如曾經或現正申請的政府職位，必須按日期順序列出有關職位和所屬部門。

(6) 子女／繼子女的資料

填寫所有子女／繼子女的姓名、國籍、香港身分證號碼等詳細資料、職業、就讀學校或任職機構及地址。

(7) 父母／繼父母的資料

父母／繼父母的姓名、香港身分證號碼等詳細資料、國籍、職業、任職機構名稱及地址。如已去世或退休，也要填報父母／繼父母去世或退休的日期及曾任職機構名稱及地址。

(8) 所有在香港或其他地方居住的兄弟姊妹的資料

兄弟姊妹的姓名、香港身分證號碼等詳細資料、職業、就讀學校或任職機構名稱及地址。如已去世或退休，也要填報日期及曾就讀學校或任職機構名稱及地址。

(9) 配偶父母的資料

配偶父母的姓名、香港身分證號碼等詳細資料、國籍、職業、任職機構名稱及地址。如已去世或退休，也要填報日期及曾任職機構名稱及地址。

(10)配偶所有在香港或其他地方居住的兄弟姊妹的資料

填寫配偶所有的兄弟姊妹的姓名、香港身分證號碼等詳細資料、職業、就讀學校或任職機構名稱及地址。

2. 品格審查的致命傷

- 有刑事紀錄
- 有警司警誡紀錄（視乎案件嚴重性）
- 破產或欠下難以清還的貸款，例如長期欠財務公司大筆債項、長期拖欠信用卡大筆數
- 身為黑社會分子

第 3 章
面試攻略

3.1 面試須知

1. 面試形式

遴選面試通常會與體能測驗同日舉行，當申請人順利通過體能測驗後，才可進入遴選面試程序。遴選面試由 3 位海關人員組成的面試小組主持，通常是由 1 位助理監督擔任小組主席，其他 2 位組員均是督察級海關人員。

3 位面試官會穿着海關制服，與考生面對面以問答形面試，全程用廣東話進行。整個面試過程大約 15 至 20 分鍾，主席會第一個提問，接着其他 2 位面試官輪流提問。

提問的內容因人而異，按考生的履歷和各個面試官不同的考慮重點而變化，但無論是甚麼問題，不同面試小組均有一致的準則評核考生。

2. 才能評核準則

在海關關員的遴選面試中，面試小組會循 7 個評核準則來評核考生，包括：

(1) 主動性
(2) 自信心
(3) 誠信
(4) 溝通和表達
(5) 團隊精神
(6) 對變革的適應性
(7) 廣東話語言能力

面試官會觀察考生在上述 7 個主要才能中表現出的能耐和潛力，分別在個別才能評核準則中給予評分，表現極差者得 0 分，如此類推至 10 分滿分，合格分數為 5 分。

考生必須在每一項的才能評核均獲得合格成績，即 5 分或以上，才可通過面試。只要任何一項得分低於 5 分，則無論其他才能評核如何出色，也不會通過面試。因此考生要作全面準備，在各項評核中取佳績。

為免因不同面試官對同一才能有不同的評核標準，各面試官在作出評核時，均會參照一系列的客觀標準定義和相關的行為表現指標，務求公平和有系统地評核不同考生的表現。有關的定義和指標如下：

(1) 主動性

弱	強
無法提出有建設性的想法，不願意承擔責任。	顯示創新理念，願意和承諾會擔負獲分配的職責。

主動性指做事積極主動，無論是實施一個創新的想法或解決一個問題，擁有主動性的人都全力以赴，並遵守及符合組織的總體目標。

甚麼是具有主動性的行為？

· 不會死守規則和法規的束縛和枷鎖
· 會在瞬間因應不同情況作出回應和有創新意念
· 願意在問題出現時第一時間作出反應

(2) 自信心

弱	強
緊張和避免眼神接觸。	充分表現信心，相信自己的能力和強烈地表達自我。

自信心是完全認識和信賴自己的能力，有效地根據個人的立場和信念擔負起個人責任，在職責範圍內對組織作出貢獻。

甚麼是具有自信心的行為？

· 不需要監管也能實行職責
· 表現出滿懷信心
· 相信自己的能力，並有強烈的自我表現

(3) 誠信

弱	強
不願意與人分享個人想法，凡有錯誤皆推諉別人，自己置身事外，對所屬組織表現疏離，以自我利益為先。	勇於表達個人想法，對個人的行為負責，並承認自己的錯誤；以專業的操守標準行事；對所屬組織有歸屬感，表現誠信和忠實。

誠信能力是指一個人的內在品質是誠實和正直的，顯示高尚的道德標準和操守，為他人建立重要的價值觀模範；為他人所信賴，為自己的行為承擔個人責任；對所屬組織表現忠誠。

甚麼是具有良好誠信的行為？

· 直截了當地表達思想和感情
· 對個人的行為負責，並承認自己的錯誤，不是指責別人
· 處處體現出高水平的誠實和道德標準
· 對所屬組織有歸屬感，表現誠信和忠實

例如你曾在某公司擔任會計工作，負責購貨和銷售入帳，某次因個人的疏忽而遺漏一宗大額銷售入帳，在核數時給管理層發現入帳錯誤，引致未能反映公司真實盈利，當時公司經理認為是營銷部人員出錯及要追究責任，在如斯情況下，你仍能向經理如實報告，不諉過他人，不單可避免同事含冤受責，更可表示的承擔和會計工作所重視的誠信。

(4) 溝通和表達能力

弱	強
顯示內向的性格，並不能有效地表達自己的想法。	能夠以一個明確的、具體的和有效的方式來表達自己的想法。採用真誠和理解的態度。

溝通和表達是指在溝通過程中，清楚和理解自己本身的作用和目標，能以一個簡潔明確的方式表達自己的想法，並分享對方的感受，以及對各種問題具理解能力。

甚麼是良好溝通和表達的行為？

· 能用語言以清晰、簡潔和有效的方式向他人表達自己的想法
· 例如考生能就面試官的問題作有效的回應，不作出情緒反應行為，用不徐不疾、穩定冷靜和肯定的語調，表達自己的意見。取態要儘量持平和中立，就算有任何政治取向，也要從執法者或海關人員的角度，陳述有關命題的利害和影響。

(5) 具有團隊精神

弱	強
缺乏影響他人及與他人有效合作的能力。 當遇到不同的想法時，容易與他人發生衝突。	能夠開發合作，與他人有效地工作，並建立團隊的工作氣氛。

團隊導向能力是指在同一小組內，能影響他人及和他人一起有效地完成工作的能力；認識發展合作和協作的重要性；將團隊的目標排在個人目標之上；有能力以工作熱情創造出理想的團隊工作氛圍。

甚麼是具有團隊精神的行為？

· 被視為公正、客觀、值得信賴
· 與其他團隊成員發展合作精神及有效地完成工作
· 響應其他團隊成員的要求

(6) 對變革的適應力

弱	強
不願意應付和處理新形勢下的變化，並顯示沒有信心。	表明願意接受新形勢的變化，展現自信。

變革的適應力是指願意接受不斷變化的環境，能有效地與不同人在不同情況下（個人或團體）開展工作。

甚麼是具有適應力的行為？

· 不依賴於以往的做法、先例和規範
· 理解運用不同處事方法的原因
· 毫無任何困難地適應變化

(7) 廣東話語言能力

弱	強
無法用廣東話進行有效的溝通。	能夠用流利的粵語溝通。有邏輯地表達意見，令人信服。

廣東話語言能力是指能夠用廣東話清楚、簡明、扼要地表達。

甚麼是有良好廣東話語言能力的行為？

· 以簡潔的方式傳達訊息
· 發音明亮，音調適當，注意聲響度、音高、音色等
· 用恰當節奏說話
· 有效積極地利用身體語言，如點頭、微笑、手勢、眼神接觸

3.2 創造良好的第一印象

對面試官來說，每一個考生都在同一基線上，他們對你全無認識，直到你進入面試房的一刻。要面試成功，爭取良好的第一印象是第一步。

當你見到面試官，應與面試官禮貌打招呼及有眼睛接觸。面試官給你引進時，你必須感謝他們給你面試機會。當面試官示意你坐下，要保持微笑，放鬆情緒，以準備接下來的 15 至 20 分鐘面試。

下面是一些創造良好印象的關鍵：

1. 儀容舉止

(1) 個人儀容

考生參加面試時應穿着適宜得體的服飾，以保守為主。面試不是一個展現時裝的場合，面試組的 3 位考官均穿着海關制服，你的服裝要配合香港海關的執法形象，遵守以下原則：

【男考生服飾】

- 穿着深暗色保守型的西裝，長袖白襯衫、領呔
- 穿着衣物時應讓面試官感覺舒服，保持熨平、不要有摺痕
- 梳理妥當、刮淨鬍子、頭髮修剪整齊
- 穿着擦亮的黑色或深暗色鞋
- 整齊清潔的手和指甲
- 千萬不要穿戴耳環

【女考生服飾】

- 穿着保守的西裝，不要露出腹部
- 穿着西裝時應讓面試官感覺良好，例如保持熨平、不應有摺痕
- 頭髮梳理整齊及保持乾淨
- 穿着黑色及擦亮的皮鞋
- 不應佩戴花巧首飾和過分濃妝豔抹
- 不應有過長的指甲、水晶甲
- 不應使用濃烈味道的香水

(2) 自然動作和舉止

肢體動作要自然，不要交叉雙手，不要坐立不安，不要有大驚小怪的動作，不要玩弄物件如筆或眼鏡，身軀不要左右搖動；保持自然的面部表情，避免面色僵硬或尷尬。

(3) 清楚說話

確保面試官可以聽到你的聲音，時刻留意面試官的反應，談話時不要喃喃自語或降低聲量，避免賣唱式或單調的朗誦，這將令面試官覺得你過度排練。此外，避俗語，更千萬不可有粗俗語言。

(4) 友善態度

表示對海關關員工作有熱情，以真誠和積極態度回應面試官的提問。時常保持微笑，避免負面的議題，不要表露發洩情緒。

(5) 聆聽技巧

面試官提問時全神貫注聽着，不要搶着作答，這是面試，不是搶答節目。不要盯着面試官，目光保持自然，以點頭和微笑表示關注和接受。

(6) 良好溝通技巧

嘗試跟隨面試官的風格和節奏，有助建立你和面試官之間的親和力。不要過分重複細節和軼事，絮絮叨叨。遇到難答的提問時，作答前要細心組織你的思維，小心分析邏輯結構。如果你不知道答案，照實說。如果你不明白面試官的問題，可以請求面試官澄清有關問題，或向面試官覆核之前你聽到的問題。

(7) 良好面試技巧

有效的自我介紹，組織及適當表達自己的長處和成就，對提問積極回應，避免表示出任何防守、懷疑或反對的態度。在面試結束前一定要向面試官作出提問，讓面試官確認你對香港海關的興趣和熱情。（詳見〈3.4. 面試 10 大切記要點〉第 10 點）

(8) 避免負面行為

· 避免有爭議的話題
· 不要撒謊，如實回答問題
· 說話坦率、簡潔
· 不要說有關前同事、上司或僱主的負面評語

· 不要用一個簡單的「是」或「否」回答問題，儘可能舉實例展示自己的才華、能力和毅力
· 不要詢問工資、休假、獎金、退休或其他福利

2. 身體語言及說話技巧

成功考生的表現

· 表現自信、大方、不怯懦
· 成熟的人際溝通技巧
· 說話流暢，傾聽並回答提出的問題
· 誠實，即使不知道某些問題的答案，回答時也說實話。

失敗考生的表現

· 言詞模糊，答非所問
· 表現非常煩躁
· 缺乏眼睛接觸
· 神經性小動作，如玩頭髮、咬指甲等
· 缺乏誠意
· 膚淺的言論，不着重點

3. 注意身體語言

保持開放式的身體語言，給面試官一個好印象，認為你是一個心胸開闊的人。留意以下的身體語言：

· 進入或離開面試房間時不要急速，要用自然步伐，不徐不疾。
· 走到椅子旁邊保持站立姿勢，不要立刻坐下，直至面試官示意你坐下時，你才坐下。
· 在椅子上要坐直，不要沒精打采，這表示缺乏信心。
· 通常面試用的椅子都設有椅背，坐直時應將背脊牢牢靠着椅背，這樣可幫助你保持坐姿，以及安定的情緒。
· 坐直後上身輕微前傾顯示你願意聆聽面試官提問。
· 說話時，有自然的眼神接觸（不要盯着面試官），但要避免持續凝視。
· 千萬不要垂低頭，這表示逃避。
· 不要交叉雙臂或雙腿，否則面試官會覺得你難以接近。
· 坐立姿勢良好、不造作，不要僵硬和緊張。
· 避免過多的手部動作和頻繁的面部表情變化。

4.　注意說話技巧

(1) 廣東話面試

整個面試過程以廣東話進行，考生回答面試官提問時要自然流暢，清楚闡述自己的觀點。

(2) 說話聲量

面試過程中，面試官和考生將會對坐，相隔大約 2 米距離。考生說話要比平常談話稍為大聲一點，不宜用平常與朋友談話的聲線，但也不可太大聲，使面試官覺得煩躁。

(3) 說話速度

說話速度要稍為放慢一些，確保你說話清晰、不口吃；說話時要注意面試官的反應，尤其是他的身體語言，他是否覺得不耐煩等。

(4) 有禮貌

見面試官要有禮貌地說：“Good Morning Sir, Good Morning Madam.” / ” Good afternoon Sir, Good afternoon Madam.”

面試結束，考生離開前要向面試官有禮貌地說：“Thank You Sir. Goodbye Sir.” / “Thank You Madam. Goodbye Madam.”

3.3 自我介紹技巧

面試官從你的簡歷（GF340）只知道你合乎招聘條件，但他們希望看到你的親自表述，向他們進一步證明你是海關需要及希望聘請的人。面試官在簡單歡迎你參與面試和講解面試程序後，在一般情況下會邀請考生作自我介紹。他們通常會要求考生：「請你用 2 分鐘簡單介紹自己。」（面試全程用廣東話進行，因此考生亦會以廣東話作 2 分鐘的自我介紹）

約 2 分鐘陳述，不要絮絮叨叨，不着邊際。你要強調你的優勢、成就。無論你是剛踏出校門的畢業生，或是已有數年社會工作經驗的考生，都要好好掌握這 2 分鐘的時間儘量推銷自己。

自我介紹時要涵蓋四方面，包括你的早年生活、教育學歷、工作經驗和你目前的情況。

在自我介紹之後，面試官會就考生自我介紹的內容有一系列的跟進問題。自我介紹的好壞便為整個面試起了決定性的影響。

如果自我介紹得宜，應將投身香港海關的熱誠、個人優點、成就、抱負等，毫無保留地表達出來，就能在短時間內建立自信，讓面試官留下良好的第一印象，其後的提問方式也會有所不同。

1. 自我介紹的重點和鋪排

自我介紹的內容重點和排序至為重要，是否能吸引到面試官的注意，全在於內容的編排上。故此首先要講的，就是面試官最有興趣知道的事情，而這些正是投考香港海關的主要原因。

考生在作自我介紹時，其結構及內容要依據以下 7 大重點：

(1) 投考海關關員的主要原因
(2) 個人獨特的海關關員質素（優勢和成就）
(3) 過往工作經驗
(4) 教育／學歷
(5) 個人專長
(6) 抱負、期望
(7) 家庭背景

自我介紹之後，面試官通常會向考生提問與自我介紹內容相關之問題。充足準備和有預先規劃的自我介紹是一個好開始，更可左右面試官其後提問的方向。因此，「自我介紹」是整個遴選面試中，最重要的環節，也是面試評核的重要指標。

在短短的 2 分鐘內，考生要如何將自己的優點和才能有策略地展示呢？在內容編排上，可分為三個小段：

(1) 個人資料（年齡、家庭、教育學歷、工作經驗）
(2) 投考海關關員的主要原因
　· 面對挑戰、保護知識產權
　· 保衛香港、打擊毒品禍害
　· 服務市民、實踐個人理想
(3) 考生個人優點、未來在香港海關的事業發展抱負和期望、適合投身海關的個人獨特質素

在過往的實例中，大部分考生不明瞭自我介紹的重要性，未有把握機會表達自己。其中可歸納為下列情況：

- 有個別考生雜亂無章地將一些個人資料，包括姓名、年齡、教育背景等隨意說說，之後加上某些曾任職的機構名字，前後不足 1 分鐘，便呆若木雞地等待面試官發問，浪費了一個向面試官推銷自己的機會。
- 與上述情況相反，有些考生希望在有限的時間內陳述最多的資料，如數家珍、滔滔不絕地將以上各大要點內容以機關槍連珠炮發的方式表達。其實這也是不妥的，沒有按照內容重點編配時間和次序，難以突出自己哪些優點或特質與海關職務、文化、理念等相關，面試官亦難以在連串的表述中把握重點。

自我介紹的方式，尤其是你的說話方式，可告訴面試官，你是否對自己的能力有信心。所以你必須好好排練，如你無預先練習，很難成功。最好找你的朋友聽你的自我介紹，評價內容是否造作、聽起來是否很假、聲線要更響亮或需要降低等，練習口語及調節說話快慢。

當您已經準備好自我介紹，問自己一個問題：「面試官需要甚麼？」面試官需要聘請的是最佳人選，是具備「適合」個性和才能這兩方面的人才。

2. 自我介紹的「宜」「忌」

宜

✓ 事前準備有關講稿，不斷練習，不斷改良，找朋友進行模擬練習，或對着鏡子模擬練習

✓ 表現有自信，保持誠懇態度、堅定決心服務香港社會

- ✓ 用常用的口語，自然流暢的聲調作自我介紹
- ✓ 修飾字眼及用詞，避免不雅用語
- ✓ 多講正面說話，避免負面訊息和批評
- ✓ 對政治敏感話題，採取中立態度
- ✓ 多用過往的工作經驗為具體例子，支持所講的優點、長處、成就。也可用上司給你的嘉許信、其他曾經服務過的機構所頒發的證明書、感謝函等支持你的說法。
- ✓ 略說自己的缺點，但要和香港海關職務無關為主，但事後要強調你己針對有關缺點作出補救方法，及從中學到如何改進，爭取更大成就
- ✓ 預備 2 至 3 個強項，例：「我對工作很堅持，不輕易放棄。你可以指望我對工作的堅持，在期限前完成任何上司指派我的任務。」

忌

- × 不要誇大其辭、大吹大擂、言過其實
- × 不要說與面試內容無關的事情，更不要為要推銷自己硬要拋出毫無關係的議題
- × 切忌背誦資料，千萬不要在面試途中拿出提示卡閱讀
- × 不要過度緊張。適度緊張可提升專注力，但過度緊張會影響面試的表現
- × 不要表現出你是為薪酬高、福利好，而投考海關關員。要給面試官知悉，香港海關是你理想的職業

- × 不要和面試官爭論，即使你對有關議題有強烈及獨特的個人見解，只需提出客觀具體理據，邏輯分析
- × 不要討論工資、休假、獎金、退休，或其他利益
- × 不要討論個人問題或家庭問題，例如個人進修計劃、家於財務困難等一概不應提出，以免面試官認為你是為海關關員的薪酬福利而投考海關

3. 成功例子

(一)

「3 位長官早晨，多謝給我機會參加海關關員遴選面試。

我叫有決心，今年 26 歲，我自小已立志投身紀律部隊，服務香港市民。我爸爸是海關關員，他常常向我講解他執行職務的情況，如何搗破翻版分銷中心、如何將販毒分子繩之於法等，我很崇拜他。他在我心目中是一個很英勇的海關關員，同時是一個好爸爸。

我上一份工作是倉務主任，主要負責管理倉存紀錄、與客戶聯絡安排提存貨物，及管理一隊倉務員。這份工作不單能夠訓練我處事細心、提升時間管理能力和溝通技巧，同時亦加強了我的領導才能。

我亦是民安隊成員，還剛剛完成一個保護知識產權的半年課程，相信我學到的有關知識能應用在海關執法工作上。同時

憑我不畏困難的決心，我已完成副學士學位課程，下個月將會領取畢業證書。

在假期或公餘時間，我喜歡與朋友一齊行山、騎單車，運動令我保持良好體格，同時亦提升與他人的合作性、加強團隊精神。我認為海關關員除了要有體能之外，更要有知識、有敏捷的思維，抱有與時並進、不斷進修學習的心態，時時刻刻認識及改善自己的不足。

我想成為一個關員，因為我對香港社會有一種使命感，對盜取他人知識產權的犯罪分子、危害青少年的販毒分子，我希望他們可以受到法律制裁。這也許是受到我家庭的影響。可能其他考生都有相同的想法，但我有將我的想法付諸實行，我曾修讀為期半年的保護知識產權課程，更向公司提出多項措施，確保公司運作合乎版權條例。

另外，我曾接受相關紀律訓練，亦是現任民安隊成員，知道服從紀律的重要性。我擁有正直誠實的品格，為人守時盡責，有正義感。我認為我具備成為海關關員的素質，我很想成為海關關員，服務香港市民，使我的人生更加充實。多謝 3 位長官。」

(二)

「Good Morning, Sir! 我很榮幸可以來到海關訓練學校參加關員入職遴選面試。

我叫陳向前，今年 25 歲，做海關是我從小的志願。海關關員站在香港的最前線工作，為香港把關，打擊走私販毒活動，令人敬佩。香港是我出生和成長的地方，我好希望能夠加入香港海關，為香港盡一分力。

香港海關的座右銘是「護法守關、專業承擔」，成為海關關員，守在香港最前線，維護法紀、守護香港這個大家庭，是我從小的志願。我有一個要好的朋友，和我同年，我們一同成長，後來因為地區重建而搬到不同地區居住。最近我從其他朋友口中得知他染上毒癮，進入戒毒所，我很痛心我的好朋友被毒品所害，相信香港其他青少年也許有同樣情況。我好希望能遏止毒品流入香港，打擊販毒，使香港成為安居樂業的地方。

我明白縱使在日常工作上，一定會遇到不少困難和挑戰，但如果我有幸能夠成為海關關員，我願意承擔這份艱巨的工作，堅定不移地為市民提供高效率以及優質的服務，令香港成為安居樂業的地方。」

(三)

「Good Morning, Sir! 我很榮幸有機會參加海關關員面試，我叫洪王六，很希望能夠成為海關關員。

雖然我的家庭成員和朋友中無人從事海關工作，但我希望投身香港海關，打擊翻版，保護知識產權。

我在中學時很喜歡運動，特別是足球、排球、羽毛球等。

除了是興趣之外，在過程中我也學到如何與人相處，更學到與人合作、團隊精神，當然同時也結識到很多朋友，有時相約一起行山、游水。

我中六之後升讀 IVE 的設計課程，它分為不同科目，而我主修的是有關家庭用品的科目。可能我自小已對設計很有興趣，所以我在 IVE 的成績很好，曾經幾次參加校內的設計比賽，都得了獎。在畢業那一年，我更參加了全港性的家庭用品設計比賽，獲得亞軍。我很開心我的設計可得到肯定。但今年年初，我和朋友逛街時無意間在一間著名的家庭用品店看見我比賽獲獎的設計產品。當時我很憤怒，家品店在沒有得到我授權許可的情況下售賣我設計的產品，非法盜用我的設計，令我即時明白到為甚麼香港政府要保護知識產權、保護原創者的努力。我立志要加入香港海關，打擊翻版，保護知識產權。

我希望 3 位阿 Sir 給我機會，使我可達成這個理想。」

（四）

早晨三位長官，我叫有毅力。我是 DSE 第二屆的畢業生，現在就讀毅進文憑既海關課程。我有一個家姐同哥哥。我有多方面的興趣，包括乒乓球、籃球、行山和看書等。我在學校都有參加籃球校隊同乒乓球隊，在中三就擔任乒乓球隊隊長，在學界賽中都獲得殿軍，在假日我會跟隨教練到不同行山徑行山。透過不同的活動，我都學習到不少技能──從籃球隊中我學習到團體精神，在比賽中，團體精神是非常重要的，團員的合作和默契都會影響到整個策略，影響到比賽的輸贏；而從打乒乓球中就學習到判斷能力，除此之外，擔任隊長更加令我學習到責任心，因為身為隊長除了要負責球隊練習的需要外，還有隊員的心理也要兼顧得宜，在比賽前鼓勵隊員鬥志等等，看書就讓我專注力更加集中。行山給我學習到堅持不放棄的做事精神。

此外，我更獲學校推薦參加了 YMCA 的領袖訓練計劃，當中學習到野外求生技能，更學習到獨立面對困難和領導技能，實在令我獲益匪淺。

在工作方面，我曾經做過侍應同售貨員，令我增加對人的溝通技巧，在遇到有客人有需要的時候要耐心幫助，即使遇到有意刁難的客人，也要保持笑容和禮貌地幫助客人解決需要，令我增加了應變的能力。

而在紀律部隊中，講求高度團體精神，在行動中如果有一個人不守紀律都會影響整體行動成敗，我想做海關的原因是因為討厭毒品，我一個好朋友曾經吸食過毒品，現在於德生戒毒，他好後悔曾經做的錯事，而我也深深明白毒品的禍害，因此我始志要投身海關，打擊毒品。我明白做紀律部隊的職責是為市民提供一個安定繁榮的社會，保障市民的生命和財產，我非常希望成為香港海關一員，志誠為香港社會服務，希望在座三位長官能給我一個機會。

（五）

長官早晨，我好榮幸可以來到香港海關學院參加今次既關員入職遴選面試。我叫 XXX，今年 20 歲，可以稱呼我做 X。

我會利用 2 分鐘去說明我投考關員既原因，大致上可以分為三個重點：

第一，我認為香港海關工作非常有意義，可以為自己土生土長既地方香港服務，為社會付出同埋貢獻，有好大滿足感，我之前在智障兒童院做過義工，包括陪智障兒童玩遊戲同帶領他們參觀香港某些景點，沿途照顧及負責他們安全，雖然看似係一件小事，但我覺得同關員身份一樣，都希望身為社會一分子既我，能夠為呢個社會盡點綿力，即使我既力量有幾微小，或多或少都可以幫助到人。

第二係香港海關工作非常具挑戰性，一次既任務涉及多個單位，包括有毒品調查科和海域科的小船隊，機場客運組和海關搜查犬組，甚至可能涉及其他不同科系，好講求團隊合作和隨機應變能力。另外，工作上亦有機會遇到與市民衝突，需要有極高既忍耐和溝通能力去應付，所以真係好有挑戰性。

第三係因為香港海關守在香港最前線，防止走私、防止販毒毒品、保障知識產權，將犯罪的人繩之以法，呢份能為社會穩定及繁榮、促進工商業及維護本港貿易而付出既工作好值得令人尊敬。

4. 失敗例子

(一)

「Good Morning, Sir. 我叫陳大文，今年 20 歲，中七畢業。我因成績不好升不到大學，所以決心出來找工作做。本來我想應徵銀行工作，再讀會計課程，但我爸爸說做政府工穩定，人工又好，做海關關員又有宿舍，又不如警察和消防那般危險，所以我入紙申請，幸運地在體能評核中過到關，可以參加面試⋯⋯」

(二)

「Good Morning, Sir. 我叫陳小文，多謝阿 Sir 給我機會面試。我中五畢業之後考入機場做保安，負責看守出入境管制站的工作。那裡有很高的紀律要求，凡事講求程序、規則。我時常都見到海關人員經過管制站，傾談之間也了解到海關的工作，關員需要檢查飛機、處理旅客及貨物清關等。我現在的工作和海關很類似，相信我可以勝任。」

（三）

「Good Morning, Sir. 我叫吳緊張，今年 20 歲，上年中七畢業。我想投考海關關員，好高興有機會面試，希望各位阿 Sir 給我機會⋯⋯（沒有望面試官，口震震）

我家有爸爸、媽媽，有個大哥、家姐，我排第三。

我平時沒甚麼嗜好，除了踢波。（吞口水，用手抹面抹口）

我⋯⋯我希望做海關，服務政府（滿頭大汗）⋯⋯」（考生其後均表現極度緊張，說話毫無條理⋯⋯）

3.4 面試 10 大切記要點

1. 準時赴約

儘量在面試前 20 分鐘到達，給自己時間紓解緊張情緒，和適應一些突發性的面試安排。

2. 關掉手提電話

在進入面試會場之前，檢查自己的手機是否關掉，確保不會在面試中途響鈴。在面試進行中響鈴，會給面試官一個踢走你的理由。

3. 注意肢體語言

與面試官一見面開始，你的一言一行都會被仔細地觀察，為了留下良好的第一印象，要注意以下守則：

- **進入面試室時不要立即坐下**
- **說話時要有正面的眼神接觸**
- **保持身體稍稍前傾的坐姿**

（參考上篇〈身體語言及說話技巧〉）

4. 分析問題，針對問題回答

在回答之前要先分析問題，清楚明瞭面試官真正想要了解的是甚麼，這是面試中最重要的一點。造成答非所問的原因有：

- **考生太緊張，沒有聽清楚面試官的提問；**
- **考生不知道如何回答。**

如果不確定問題，可請面試官重複問題，或向他求證：「如果我沒有聽錯的話，你的問題是……嗎？」答非所問給面試官一個做事魯莽或故意有所隱瞞的印象。

5. 化負面為正面

面試官會提出尖銳的壓力問題，藉以探測考生的臨場反應。當被問到一些負面的問題時：「甚麼是你最大的缺點？」，你的策略：

- **負面因素與海關工作沒有抵觸：**
  「我的缺點是太專注／強調工作成就而忽略家庭生活。」
- **有關的負面因素從申請表上也可注意得到，正好藉回答時說明：**
  「雖然我在最近這 3 年間換工作換得較為頻繁，但其實我一直在同一行業工作。」
- **有關的負面因素已成過去，現在已經改善：**
  「原本我的英文很差，很難用英文做簡報，後來我參加英語訓練班，連續上了 2 年，現在用英語溝通都沒有問題了，還曾代表公司負責接待外國客戶。」

6. 注意臉部表情及答案連貫性

面試時，要全程保持微笑，表現得有禮貌。要掌握答案的邏輯及連貫性，上文下理不犯駁，例如你一直強調自己是工作認真的人，但又說：「我不會加班，下班後是私人時間……」

7. 答案有系統及長短適中

不要急着回答，在腦中稍作整理，依時間先後和事情重要程度歸納重點，有條理地回答，令面試官覺得你的組織能力強、脈絡分明。回答時不要長篇大論，但也不要太簡潔，一個「是」或「不是」的答案只是盤問方式的回應，不是有互動的面試談話。

8. 不要批評以前共事過的公司、同事及不用負面言辭

在面試時，切忌對以往的同事或上作任何負面的陳述和批評，因為這些負面批評都會給面試官一個不負責任的印象，覺得你凡事諉過他人，故實在不宜自找麻煩。

避免用「我不能」、「我不想」、「我無法」等負面字眼，面試官會視這些言辭是事事以自我為中心，缺乏同理心，難與他人合作。

9. 回答時用中立態度

遇到敏感的提問時，要採取較中立的回應，儘量避免偏激的回應，給面試官一個客觀、有分析力的印象。

10. 在面試結束前必須發問

通常在面試快結束前，面試官會給你一個發問機會。你應該問，也必須要問。因為由你所問的問題中，可以展現你事前是否準備充分、你對這份工作的誠意以及決心。如果你回答「我沒有問題」，那麼你也沒有機會獲得取錄了。

不要問任何與薪酬福利相關問題：

× 「我一年可以有幾天假期？」

× 「我希望去上法律課程，海關會補助費用嗎？」

× 「除了薪金外還有甚麼津貼？」

<u>可以問</u>一些與新入職的關員有關的問題

✓ 「新入職的關員會接受甚麼入職訓練？」

✓ 「新入職的關員在調任不同科系時與其他關員的日常工作有甚麼不同？」

3.5 考生面試失敗主因

1. 面試遲到或缺席
2. 對海關全無認識
3. 對香港時事一無所知
4. 面試表現過分緊張
5. 面試時不能控制情緒
6. 大肆抨擊前任職機構、學校、上司、老師、同事
7. 因表現差劣，而多番遭到解僱
8. 立場偏激、與面試官爭論
9. 面試不關手機
10. 面試時說謊
11. 拒絕回答面試官問題
12. 未穿着適當服裝
13. 父母／親戚／男友／女友陪同面試
14. 說話內容矛盾，缺乏邏輯
15. 無主見、缺乏獨立思考能力

切忌說謊

考生在回應提問時不要說謊，面試官除了聽取答案內容外，更特別注意考生的肢體語言是否有不誠實的特徵。當你說謊時，一些細微的潛意識舉動會出賣你。

如面試官發覺考生有可能說謊，會對他的誠信大打折扣，以下是一些可能令面試官覺得考生說謊的身體語言或破綻。

1. 用手觸抓面部位置

抓鼻、掩口或用食指掩上唇、抓面頰或耳朵，潛意識下企圖「掩飾謊話」。

2. 強作假笑

笑得較慢，笑容不對稱；雙眼完全沒有表情。

3. 眼神閃縮

說謊時，腦部思維要集中在製造謊話，眼睛會轉動及凝望別處，例如向左上角、右上角、左下角或右下角等，經常無故眨眼；跟面試官沒眼神接觸，表現閃縮。

4. 迴避面試官視線

時不時望向房門，雙腳指向門口；考生潛意識想擺脫謊話，因而做出想離開房間的肢體動作。

5. 說話猶豫及緩慢

某些考生說謊時為怕前後矛盾，考生說謊時說話會比平時慢，恐怕講錯說話，會在腦海中「預演」一次，拖慢說話速度。

6. 說話速度無故加快

與說話猶豫相反，某些考生說謊時的說話速度會比先前談話時的正常頻率明顯加速，心理上不想逗留在說謊話的狀態，務求儘快說完一段謊言。

7.「腳印印」／搖搖腳

考生希望將謊話儘快儘快說完，不想拖延，以免被面試官識破，潛意識顯得不耐煩，不自覺地搖腳。

8. 蹺手／蹺腳

典型的自我保護象徵，顯示說謊的考生擔心謊話最終被揭穿，因此潛意識作出防護姿勢。

9. 面現緋紅

考生說謊時，心跳往往會加速，血液湧進毛細血管，考生就會覺得熱，繼而產生面紅現象。

10. 說話離題

考生擔心面試官不相信自己的謊話，不自覺地會胡亂東拉西扯，提供很多不必要及無關的資料 。

11. 坐立不安

某些考生說謊時會觸碰耳珠、「啪」手指關節、轉動指環或撥弄頭髮等，因潛意識要先作自我鼓勵。

12. 肢體與說話顯現矛盾訊息

某些考生說謊時邊說快樂邊搖頭，出現說話內容與肢體不相稱的表現。這部表示考生並不坦白，刻意隱瞞。

13. 忽然改變聲調

某些考生在談話期間，忽然大聲、高音或表現緊張，表示他可能正在說謊，擴大聲調強化可信性。

14. 滿頭冒汗

某些考生說謊時出現緊張情況，腎上腺素上升，會覺得熱和冒汗，有些甚至渾身濕透。

15. 深深吸氣

考生擔心謊話被揭穿，胸口或會有綳緊感覺，氣管收窄，出現缺氧，需要大口收氣。

16. 出現口乾

除了緊張情緒使考生出現口乾外，在說謊時，特別在連續性或多次說謊時，考生會出現不停吞口水及舔嘴唇的肢體行為。

3.6 面試熱門問題範例

香港海關招聘關員的面試問題類型可以歸納為以下 6 個類別：

· 自身問題
· 情景性問題
· 處境問題
· 香港海關的相關問題
· 時事問題
· 忠誠問題

1. 自身問題

面試官會透過一系列與考生相關的自身問題，探索他的優點、缺點、工作成就、人際關係、工作態度、工作動機、職業目標、專業精神等。考生可藉着回答有關提問，儘量表現各方面的才能。

(1) 關於個人背景、價值觀

· 請介紹／談談你自己。
· 你會如何形容自己？
· 你是一個主動的人嗎？
· 你最大的成就是甚麼？
· 你喜歡甚麼課餘活動？
· 你有否參加過義工活動？甚麼時候開始做義工？做過幾多次義工，對象是甚麼？
· 為何從來沒有做義工？有沒有做過幫助人的事？有否曾經幫助他人的例子？

· 請告訴我你甚麼時候幫助過別人？過程如何？
· 你守時嗎？
· 在你的生活中遇到過最大的失望是甚麼？
· 你的人生目標是甚麼？你的志願是甚麼？你的理想是甚麼？
· 你的抱負是甚麼？你會如何實現？
· 你看到自己 5 年或 10 年後的位置嗎？
· 你未來 5 年／ 10 年的目標是甚麼？你打算如何實現這些目標？
· 請講一講家人的背景和職業。

(2) 關於學歷

· 請講一講你的學歷。
· 相對海關關員這份工作，你的條件會否太好了？
· 為何不去進修，增值自己？
· 為何不修畢副學士學位，才再投考海關關員？你不覺得浪費了一年的學費嗎？
· 你擁有大學的學歷，但是現時竟然申請做海關關員，會否覺得有點浪費呢？
· 你擁有大學的學歷，不直接投考海關督察，竟然考海關關員？
· 你是大學生，學歷相當高，如果聘請你為海關關員，日後會否和其他同事格格不入呢？
· 你是大學生，有沒有想過加入海關之後，想升到哪個職級？假如一世都無法升職，你會怎樣？
· 讀書時期有甚麼課餘活動？這些課餘活動對你有甚麼幫助或者影響？

(3) 關於工作及團隊合作

· 金錢和工作，哪一樣對你更重要？

· 你的工作動機是甚麼？

· 你曾經做過幾多份工作？

· 請講一講你過去和現在的工作經驗，以及工作性質。

· 請講一講你在之前的工作有甚麼得着，以及不喜歡的事情。

· 在過往的工作之中，有否遇上難忘的事情？如果有，是甚麼？

· 你為甚麼離開你現時的工作崗位？

· 你為甚麼被解僱了？

· 自從你的上一份工作後，你一直在做甚麼？

· 為何你經常轉換工作？是否與同事相處有問題？

· 為止你只做兼職工作，而沒有做全職工作？

· 你在現時公司的職位、職責是甚麼？

· 你現在的工作情況如何？是否做得不開心，所以想轉做海關關員？

· 你怎麼和年輕的同事相處？

· 你怎麼和年長的同事相處？

· 你喜歡和甚麼類型的上司工作？

· 你曾否和要求高的上司工作？

· 你對主管有甚麼期望？

· 你會對你的未來上司有甚麼期望？

· 你在工作中遇到甚麼問題？

· 誰是你最好的上司？誰是最糟糕的？

· 你過去的上司怎樣形容你？

· 你喜歡獨立工作還是在團隊工作？

· 你的最大的優點如何幫助你的工作？

· 是甚麼促使你儘最大努力？

· 你曾否覺得自己沒有機會充分發揮潛力？
· 甚麼會令你有工作壓力，你是怎麼管理呢？
· 請描述你工作量繁重的時候，如何處理它。
· 你曾經遇過最困難的任務是甚麼？
· 你可否適應輪班工作？
· 你喜歡甚麼類型的工作環境？
· 你較喜歡在戶外工作還是在室內？

(4) 關於投考海關關員的決心和能力

· 我們為甚麼要僱用你？
· 為何我要請你？給你一分鐘時間，之後再答我。
· 你能有助於香港海關的發展嗎？
· 你有甚麼「特別」，令到我要請你？
· 你有甚麼「優點」和「缺點」？每樣講 3 個？
· 你有甚麼「強項」和「弱項」？每樣講 3 個？
· 你有甚麼不足之處？有甚麼方法去改善？
· 你和其他考生相比，有甚麼優勝之處？
· 你為何如此想做海關關員？
· 你認為海關關員需要有甚麼素質？
· 你覺得自己有甚麼特質，適合做海關關員？
· 你為何認為自己能夠勝任海關關員這份艱巨的工作？
· 你如何顯示投考海關部隊及成為海關關員的決心？
· 為投考海關關員，你做了甚麼準備？
· 上次投考海關關員失敗的原因，有否作出檢討，如何改進？你曾否投考其他紀律部隊？
· 如果你沒有得到這個職位，你會做甚麼？

- 如果今次投考失敗，會有甚麼打算？你會否再去考其他政府工？
- 為何你要投考海關部隊，而不投考其他紀律部隊？
- 為何之前投考了這麼多政府部門及紀律部隊，但現在才投考海關？是否已經「揀無可揀」？
- 你加入海關之後，最想做哪個部門？
- 你認為海關工作最困難之處是哪一方面？
- 你有沒有信心能夠承受海關關員這份工作所帶來之壓力？
- 你可否適應海關部隊內不同的工作環境？
- 過往的工作經驗，有甚麼可以應用在海關關員的工作裡？
- 你過去的工作經驗，對於投考海關可以有甚麼幫助？
- 你過去的工作經驗，對於海關部隊有甚麼貢獻？
- 於自我介紹期間，你曾經提及願意接受挑戰，那麼你覺得海關關員會面對甚麼挑戰？
- 於自我介紹期間，你曾經提及做海關關員有使命感，那麼何謂使命感？使命感是「內在」還是「外在」？
- 你有沒有朋友是海關部隊成員？他們有否跟你講述關於海關的工作？

2. 情景性問題

問題會環繞學習、工作、生活的範疇，不會問你甚麼是對的、甚麼是錯的，而是將你帶回到你過去曾經經歷的某件事情或某個情景中，聽取當時你是如何處理問題的。

- 給我舉個例子，你與公司客戶持不同意見時，你如何處理。
- 給我舉個例子，說明你在工作上的成就。
- 請告訴我你曾否與主管就工作分配鬧意見？結果怎樣？

· 請給我你在團隊合作的一些例子。
· 你曾否和同事在工作上有紛爭？你做了甚麼？結果是甚麼呢？
· 你曾否和你不喜歡的人一同工作？如果有，你是怎麼處理的呢？
· 你曾否錯誤地判斷同事或其他人呢？你從中學到甚麼？
· 如果你肯定你的上司在工作上犯了錯誤，你會怎麼處理呢？
· 如果你的未來上司，在工作之中犯上錯誤時，你會怎麼處理呢？
· 請描述一個你在工作時曾遇到困難的情況，你是如何克服它的？

3. 處境問題

面試官提出這類問題是因為在你的過去經歷當中無法找到相關例子，不能考察你在這方面的能力，或者想知道你有甚麼創造性的解決方法，或是你有甚麼分析問題的新思維。

· 你認為你會在海關關員的工作上遇到甚麼難題？你會怎樣處理？
· 假如這刻你是駐守葵涌驗貨組的關員，在檢驗一貨櫃車貨物期間，有關貨主向你投訴你無故阻延他出貨，更可能他趕不上船期而蒙受損失，不停向你大聲叫罵，惡言相向，極不合作，你會怎樣處理？
· 假設你在某邊境管制站客運組，你的同事截停一位拖着大量行李的入境旅客接受香港海關檢查。這位旅客顯得不耐煩，他表示要趕巴士，不願接受海關檢查及要立即離開，你會如何處理？
· 如果因為公事與同事發生爭執，你會怎樣處理？
· 在工作時，你上司命令你做一件你認為不合理或不合部門規則的事情，你會怎樣處理？

回答情景性問題用 SAR 法則

SAR 即為 SITUATION（情況）／TASK（任務）、ACTION（行動）、RESULT（結果）的縮寫。

(i) SITUATION **情況** / TASK **任務**

首先明確説明當時的情況或要處理的是甚麼任務。

(a) 甚麼類別的工作或任務？

(b) 當時是甚麼情況？或面對甚麼問題？

(ii) ACTION **行動**

跟着説明你在當時的情況，或為完成指定任務採取了甚麼行動。

(a) 邏輯分析當時情況和有哪些取可行的做法

(b) 分析後決定採取哪一個做法

(iii) RESULT **結果**

最後明確説明行動後的結果。

(a) 簡述行動後出現怎樣的結果

(b) 在整個過程中你學到甚麼？

用 SAR 法則回答情景性問題的範例

（問）在求學期間，曾否利用課餘時間做兼職？有甚麼得着？

（答）因為課餘的時間比較分散，所以我大部分時間只能從事短期兼職。我曾在便利商店斷斷續續從事兼職一年多，期間不斷有機會與人接觸，學習到許多與人溝通的技巧，並從進貨、盤點、銷售、訂貨等一連串流程，了解到零售背後的不同環節和運作，同時我也喜歡那種服務人和與不同階層的人相處的感覺，還曾經獲公司嘉許。

4. 香港海關的相關問題

面試官想考核你對香港海關的認識，其中包括海關組織架構、職能範圍、部門重要個案，甚至關長名稱等。

- 香港海關關長是誰？
- 香港海關副關長是誰？
- 香港海關部隊的階級為何？
- 請說明香港海關的架構。
- 海關關員的起薪點是甚麼？
- 香港海關共有多少個邊境管制站？
- 海關關員的職責是甚麼？

- 香港海關的工作包括哪方面？
- 香港海關的使命和信念是甚麼？
- 你對香港海關組織架構有甚認識？
- 香港海關是一紀律部隊，你對紀律部隊有甚麼認識？
- 你可否適應不同的工作環境？
- 香港海關的「期望、使命及信念」是甚麼？
- 香港海關的「行政及人力資源發展處」負責哪些職務及範疇？
- 香港海關的「邊境及港口處」負責哪些職務及範疇？
- 香港海關的「稅務及策略支援處」負責哪些職務及範疇？
- 香港海關的「情報及調查處」負責哪些職務及範疇？
- 香港海關的「貿易管制處」負責哪些職務及範疇？
- 香港海關負責執行甚麼法例？
- 香港海關的服務承諾是甚麼？
- 甚麼是「知識產權」？
- 你對「保護知識產權」有甚麼認識？
- 甚麼是「紅綠通道系統」？
- 甚麼是「入境旅客免稅優惠」？
- 甚麼是「道路貨物資料系統」？
- 甚麼是「電子貨物艙單系統」？
- 甚麼是「應課稅品」？
- 甚麼是「海鋒」？
- 甚麼是「海柏」？
- 你對香港海關的「船隊」有甚麼認識？
- 你對香港海關的「搜查犬」有甚麼認識？
- 香港海關是根據哪些條例，防止及偵緝走私活動？
- 香港海關是根據哪些條例，打擊應用偽造商標或虛假商品說明的非法活動？

· 香港海關是由哪些局長所管轄？
· 保安局局長是誰？
· 商務及經濟發展局局長是誰？
· 財經事務及庫務局局長是誰？
· 2010 年 8 月 1 日起生效之「旅客攜帶煙酒入境數量」是多少？
· 2013 年 3 月 1 日起實施之「攜帶嬰幼兒食用配方粉出境規定」的內容是甚麼？
· 香港海關引入的「被動毫米波偵查系統」是甚麼？

5. 時事問題

時事話題是海關遴選面試的熱門問題，透過時事問題，如社會熱門話題、政府政策等，面試官會了解考生的觀點及見識、是否關注社會時事議題、留意周圍環境變化，是否具有分析力。

要留意，對於非常具有爭議的時事問題要小心回答，一般以較中立態度為佳，不要有偏激的言辭和意見，讓主考人了解你的觀點及見識，表達個人意見時應保持理性客觀，若主考人不同意你的觀點，不需加以反駁，但也不要盲從地同意，應平心靜氣地與他討論。

回答時事問題時，不用心急，就算對該題目很熟悉，也不要急不及待地搶著回答，將已準備的資料滔滔不絕背誦出來，這樣會使考官認為你做事衝動，行事缺乏心思熟慮。因此回答時要有次有序地從不同層面，對相關議題作出分析和解說。可考慮以下模式：

1. 問題背景

· 相關的社會背景和問題
· 如何帶出相關政策

2.　議題內容

· 概說政策或議題的內容

· 不用長篇大論，只要說重點

3.　實施的過程

· 負責的政策局或部門

· 推行的相關措施

4.　影響範圍

· 受影響的不同階層和群體

· 對環境和經濟的影響

5.　政策的優點和缺點

· 客觀分析，不要投入情緒

· 可從執法者角度分析

· 對海關的工作和發展

不熟悉的時事問題

遇到不熟悉的時事問題，要真誠地回答對不起，自己沒有留意這方面的資訊，表示會在面試後認真研究相關新聞。千萬不要亂作！畢竟考官們問的都是自己熟悉的課題，不會被大家胡亂作答而騙到。

以下是考官常會提問的議題，供大家參考：

· 對於「自由行」有甚麼看法？

· 香港人口老化問題

· 香港勞動力不足問題

- 香港競爭下跌
- 引進海外醫生
- 垃圾徵費問題
- 電子道路收費計劃
- 香港劏房問題
- 開發郊野公園
- 對於限制配方粉離境有甚麼看法？
- 廣深港高速鐵路對香港的影響
- 港珠澳大橋對香港的影響
- 香港對內地雙非孕婦來港實施禁令有甚麼看法？
- 擴建堆填區有甚麼看法？
- 興建垃圾焚化爐有甚麼意見？
- 香港國際機場興建第三條跑道
- 明日大嶼填海計劃
- 自願醫保計劃
- 同性婚姻問題
- 為安樂死立法問題
- 商品說明條例的不良營商手法新聞
- 最近經海關破獲的毒品案
- 有關修改逃犯條例的新聞
- 一帶一路對香港的影響
- 電子煙
- 器官捐贈

6. 忠誠問題

香港海關是一個紀律部隊，極度重視每個海關人員的誠信，故希望你未來的職業發展計劃與部門的目標吻合，因此會有不少問題類似「你為何要投考香港海關？」「你未來 5 年的職業發展計劃是怎樣的？」目的除了知悉你是否對自己應該做甚麼比較清晰以外，還要考慮你的忠誠度的問題。

- 你是怎麼認識香港海關的？
- 你為何要投考香港海關？
- 是甚麼促使你投身海關關員？
- 你想在關員職位得到甚麼東西？
- 是甚麼令你認為自己適合這份工作？
- 你認為自己能勝任海關關員的工作嗎？
- 香港海關最吸引你的是甚麼？為甚麼呢？
- 你有沒有面試其他政府部門或私人公司？是甚麼職位？
- 你有否投考其他部門，如警察、入境處、消防處？為何？
- 你的理想工作是甚麼樣的？
- 你的未來 5 年的職業發展計劃是怎樣的？
- 入職關員後，你會否因為想進一步提升自己的學歷，如為讀大學而辭職？
- 如你成功入職後，收到其他政府部門，如警察等的錄取通知，你會怎樣做？你加入海關，是否只因為「人工高、福利好」？
- 你的體能測驗成績很好，為何不去考消防而來投考海關？
- 你的體能測驗成績很差，你如何可以保證，做海關關員時可以履行到日常的職務？
- 海關的工作其實很危險，你考慮清楚沒有？
- 如果將來發覺，海關關員的工作和你原來的理想有出入，你會怎樣面對？

3.8　面試問題拆解方案 44 例

1. 自身問題

(1) （問）你有甚麼優點？

（建議）預先從過往的生活或工作經驗中，列出有實例支持的優點。同時列出 3 至 4 個主要優點，舉出實例支持你的陳述。但注意這些例子的優點應與海關工作或需求相關。

(2) （問）你有甚麼缺點？

（建議）預先從過往的生活或工作經驗中，列出有實例支持的缺點，但不要多，1 至 2 個缺點已經足夠，同時要無關海關職務的要求。例如一個原本是優點的勤奮工作態度，因過分投入而變成一個缺點。你可以說：「我的願望就是時時刻刻把上司委派的工作做好，不容許有任何過失遺漏，很多時由於我過分熱心和對其他同事有嚴格要求，無意中為求達致工作成果而傷害與同事的關係。但我意識到了這個問題，我明白到同理心的重要，在尋求工作效率的同時，也要考慮同事間的工作和諧，從中得到平衡。」

（答）我最大的優點是比較細心、有耐性。無論面對多麼複雜枯燥的數據處理工作，我都會儘量做到分毫不差，無論事情多繁瑣和細緻，我都會努力使其有計劃地進行。我在某某學生聯會擔任秘書長工作，負責的事務是非常繁瑣細緻的，我的特長就是使其有計劃地進行，協調各方的工作，確保各個方面都不會出問題。

而我最大的缺點也是在於不能準確掌握時間和工作質量的問題，有時候我會為了工作的質量而忽視時間的有效控制。但在以後我會注意，在處理一些不需要高度精確度的工作時平衡時間和質量的關係。

(3) （問）您對未來的有甚麼期望？

（建議）如你對將來有一些具體期望或抱負，而又和海關工作相關，大可向面試官簡述。不過，就算你有天大的抱負或野心，但與海關無關的話，則不宜提出。你大可強調你專注於眼前的工作，相信只要盡心盡力做好目前的工作，你有信心，未來將會是美好的。不要使面試官覺得你沒有上進心，但你應避免陳述一些不現實的、虛無縹渺 、不着邊際的空談，因這或可能危及面試官對你的信心。

(4) （問）你會如何形容你的性格？

（建議）你要預先擬好 2 至 3 個與海關文化最有關連的個人性格特徵。海關是一個紀律執法部隊，講求團隊精神、服從上司合法命令、追求效率，故此，面試官試圖確定你的性格是否「適合」海關紀律文化。如你能夠準確地把握海關的紀律文化和價值觀，面試官會更易讓你過關。

(5) （問）通常怎樣的情況會使你產生沮喪的情緒？

（答）如果由於自己一時疏忽而讓機會白白溜走，我會感到十分沮喪。因為我是一個對工作很有激情的人，一旦決定了工作目標，我要馬上把它落實到行動上。也可以說我是一個很具有行動力的人，我總是希望自己在工作中做到更好，力求用最好的方法解決工作中的問題。無論遇到怎樣的困難，我都喜歡挑戰，在克服困難的過程中超越自我。如果有發展機會在自己面前，我絕對不允許機會溜走；如果是因為我自己的原因而沒有把握住機會，我會感到很沮喪。

(6) （問）你有哪些戶外活動或娛樂？

（建議）面試官希望你的回答可以表明你有一個平衡的生活。但要避免提太多的活動，如過多的戶外活動或娛樂，你將有多少時間的工作便成一個疑問。請記住，你的愛好和休閒活動的類問可以相當暴露自己的個性和價值觀。

(7) （問）你平時喜歡閱讀甚麼書刊？

（建議）如果有的話，誠實地說出一些你讀過的課外書，例如心理、科技、自然科學、宗教、藝術……以顯示自己在不同領域也有廣泛興趣。

(8) （問）你的工作動機是甚麼？

（建議）不宜用金錢作為答案，這會使面試官覺得你是一個 Sales，而不適合做關員。因此回答此提問宜提供一個相當普遍的答案：例如新工作帶來的挑戰、開發團隊和個人的創造力，達成公司的目標。

(9) （問）你認為甚麼是一個理想的工作環境？

（建議）面試官有這個提問，是因為海關的工作多樣化，不同科系之間的工作環境有很大的差別。故此你可說：「我認為理想的工作環境是一個可以配合自己價值觀和應用個人經驗和才能的地方。」但答案聽起來不要過於崇高或不切實際。

(10) （問）你認為怎樣才是與同事有效的溝通？

（答）我認為有效的溝通是要有理據的。在和同事溝通之前要收集合理的事實和數據，並且態度要不亢不卑，更不能咄咄逼人。每個人的性格脾氣都不同，要根據他們的特點採用不同的溝通方法，沿用單一的方式是不夠的。不要只會堅持自己的立場，而忽視了別人的感受，要學會站在別人的立場看問題，以達到雙贏的效果。

(11)（問）你如何維持高效率的工作狀態？

（答） 我加強了自己的時間觀念。今日事今日，如果是 1 小時的工作量，我絕對不會用 2 小時來完成，這樣就大大減少了工作時間的浪費。其次我制定了每天、每月，甚至一年的工作計劃，一旦在計劃了，就按編排進行，絕不拖延。我更會盡可能考慮周詳，預料可能發生的狀況，避免人力和物質資源上的短缺現象，保證工作不因外在因素而耽擱。

(12)（問）你對加班有甚麼看法？

（答） 我之前服務某公司時，每星期至少有 2 至 3 天要加班到晚上 10 點半。由於要應付客戶的特別要求，之前落實的定案很多時要從頭起草，加班已是習以為常的事。所以如果未來需要加班的話，我絕對可以全力配合。

(13)（問）你怎樣和你的同事和上司相處？

（建議） 這是一個非常重要的問題，所以你要花時間，有邏輯次序地去回答。你與同事的關係反映了你的人際關係處理手法是開明還是自我中心。談到與上司相處時，要聆聽上司說話，表示濃厚的興趣，了解上司的期望，清楚了解公司的目標和運作方式，在工作中全力配合及支持，達到上司和公司的目標。你可能還需要談談如何作為上司與同事間的溝通橋樑，讓上司知道前線員工的工作情況，強調團隊建設，與同事相互合作。

(14)（問）你如何評價你剛離職的公司？

（答）這是一間優秀的公司，已經給了我很多很好的工作機會和寶貴經驗。

(15)（問）你為甚麼這麼多個月之後才找到了新的工作？期間你幹過甚麼呢？

（建議）某些考生的工作歷程中因為不同原因而中斷一段長時間，例如 6 個月，面試官一般覺得應該將這些空檔填滿，向你探究原因。這個問題是一個攻勢，但不要緊張。如你的工作歷程曾長時間中斷的話，你應預備面試官會探查箇中原因，你要預先想好理由，簡潔地給一個簡單的答案，你可以說：「找工作不是太難，但要找到合適的工作，就需要時間和耐力。」

(16)（問）在這個時候你有沒有考慮其他類型的工作或其他政府部門？

（建議）不要覺得你有義務透露你投考其他私人機構或政府部門的細節。但如你也有投考其他紀律部隊，不妨直說，因這會加強和支持你決心投身紀律部隊的說法。

(17)（問）你為甚麼要投考香港海關關員？

（建議）這條問題是給你一個機會，說明你的經驗和技能對香港海有甚麼貢獻，另一方面你亦可以表達自己如何欽佩海關人員的工作成就，為甚麼這麼吸引你。

(18)（問）你認為你有甚麼資格可以擔任海關關員？

（建議） 面試官提問這條問題，是由於你在自我介紹時沒有作出交代，面試官想進一步了解你是否具備海關關員必須具備的才能。當被問及這個問題時，你可表述你 2 至 3 項大的才能、成就、相關專業技能（例如電腦知識、會計／財務知識、多種方言）、相關工作經驗等。簡單介紹它們如何為香港海關帶來效益。

(19)（問）如果請你擔任海關關員，你認為自己最大的優勢和劣勢是甚麼？

（答） 我認為自己最大的優勢是比較穩重踏實，具有實幹精神，十分有責任心。我會把各方面都儘量考慮周到，清楚地分析利弊得失，猜測可能的後果，希望對一項工作有一定了解後再去做。作為一個海關關員，一個執法者，我把握到有關的法例和規則，在履行職務時遇到任何情況，我也能夠沉着冷靜地處理。

而我最大的劣勢可能是我並不習慣於創新，我首先考慮如何有效地依法而行，可能會在一開始就否決許多我認為不依日常習慣的做法。

2. 處景問題

(20)（問）描述一些你在工作上被上司或客戶批評的例子？

（建議） 只描述一個例子，並告訴面試官你從該次事件中學到甚麼，和你其後如何糾正或已作出計劃來糾正問題。只要簡報，不要長篇大論。如果面試官希望了解更多細節，他們會再提問，否則不宜在被他人批評的事上大做文章。

(21)（問）假如你發現你上司的一個工作行為違反了海關的規例，你會怎麼處理？

（答） 我會與我的上司進行簡單的直接溝通，用一種比較婉轉的方式提出我對他這做法的困惑，向他確認是不是由於我自己認識或經驗不足，而導致我對他的作為認識有偏差。當我確定這並不是誤會，不是我認識上的偏差時，我會明確指出他的做法與部門的規例相違背，並給予建議。如果上司堅持違背香港海關的規章制度，我會進一步與更高層的上司溝通。

(22)（問）你會不會擔心你的上司因為這件事而對你有負面看法？

（答） 我認為自己這樣做並沒有錯。這是一個海關關員的誠信問題，我身為香港海關的一分子，一個香港政府公務員，就有必要堅持香港的公眾利益和海關規例制度。在這樣的情況下，我應該堅持針對事而非針對人，否則就是有違我的職業道德。

3. 香港海關的相關問題

(23)（問）香港海關有甚麼使命？

（答） 香港海關有多項不同的使命，包括：

1. 保護香港特別行政區以防止走私
2. 保障和徵收應課稅品稅款
3. 偵緝和防止販毒及濫用毒品
4. 保障知識產權
5. 保障消費者權益
6. 保障和便利正當工商業及維護本港貿易的信譽
7. 履行國際義務

(24)（問）香港常見的毒品有哪些類別？

從新聞媒體的報導中，香港海關和香港警察通常緝獲的毒品包括：（1）氯胺酮、（2）海洛英、（3）大麻、（4）冰、（5）可卡因等。而氯胺酮和噼嚦可卡因更是香港時下年青人最常濫用的毒品。

(25)（問）你對香港海關在保障消費者權益方面有甚麼認識？

（答） 香港海關透過《商品說明條例》（香港法例第 362 章）打擊冒牌和附有虛假商品說明的貨品。但 2013 年 7 月以前的《商品說明條例》只應用於貨品，而不適用於服務。為加強保障消費者的權益，香港海關在 2013 年 7 月全面執行禁止消費交易中某些常見的不良營商手法，例如誤導性標價、誤導性遺漏、具威嚇性的營業行為、餌誘式廣告宣傳、先誘後轉銷售行為及不當地接受付款。

(26)（問）你對「知識產權」有甚麼認職？與香港海關有甚麼關係？

（答）「知識產權」是一種無形的資產，指在日常業務和產品生產各方面可享有的權利，香港常見的知識產權包括（1）版權、（2）商標權、(3) 專利權、(4) 外觀設計權、(5) 植物品種保護權、(6) 商業秘密、(7) 集成電路的布圖設計權。香港海關根據《版權條例》、《防止盜用版權條例》和《商品說明條例》對侵犯版權和偽造商標的非法行為，作刑事執法。其他範疇的「知識產權」擁有人可對有關侵權者從民事追訴。

(27)（問）你對「偽造商標」有甚麼認識？

（答）在香港註冊的商標是受到《商標條例》及《商品說明條例》的保護。其他人在營商過程中未經商標擁有人同意在香港把該商標用於同類或相類似的貨品上，即屬偽造商標的侵權行為，可被刑事檢控。常見的「偽造商標」例子有：皮具、手袋、衣物、家庭電器、藥物、手錶、運動鞋等。

(28)（問）那些是受版權條例保護的作品？

（答）受《版權條例》保版權的作品包括 9 個類別：

i. 文學作品（包括電腦程式、小說）
ii. 戲劇作品（包括舞蹈作品或默劇作品）
iii. 音樂作品（包括曲譜）
iv. 藝術作品（例如照片、雕刻、繪畫）
v. 聲音紀錄（包括唱片、錄音帶、電子媒體聲音檔案）
vi. 影片
vii. 無線廣播
viii. 有線傳播
ix. 文學作品、戲劇作品或音樂作品的已發表版本的排印編排

(29)（問）甚麼是侵犯版權的行為？

（答）未得版權擁有人特許或授權，複製、向公眾發放、租賃、公開表演等，即屬侵犯該作品的版權。

(30)（問）哪些是常見的冒牌及盜版物品？

（答）常見的冒牌及盜版物品主要包括附有偽冒商標或虛假商品說明的成衣、手袋、鞋履、皮革製品、手錶、電腦配件、流動電話及配件、化粧品、飾物及家居用品。

(31)（問）海關為保障消費者權益，嚴厲打擊「虛假商品說明」的產品。何謂「虛假商品說明」？

（答）「虛假商品說明」指以任何方式就貨品在下列任何事項上作出直接或間接的虛假顯示：

i. 數量、大小或規格
ii. 製造、生產、加工或修復的方法
iii. 成分
iv. 任何人所作的測試及測試結果
v. 任何人的認可或與任何人所認可的類型相符
vi. 製造、生產、加工或修復的人或地點或日期

(32)（問）甚麼物品在進出香港邊境時會受到管制？

（答）所有進出香港邊境的物品均受《進出口條例》管制，常見的進口管制物品有：

i. 動植物
ii. 受管制化學品、危險藥物、耗蝕臭氧層物質

iii. 應課稅品
iv. 光碟母版及光碟複製品的製作設備
v. 汽車
vi. 食米、冷藏或冷凍肉類及家禽、野味、肉類及家禽
vii. 中藥材及中成藥、藥劑產品及藥物
viii. 爆炸品、軍火及彈藥
ix. 無煙煙草產品
x. 紡織品、未經加工鑽石武器

(33)（問）香港有哪些物品是應課稅品？

（答） 香港特區是一個自由港，進口或出口貨物均毋須繳付任何關稅，只有 4 類應課稅品需要繳稅，包括：（1）酒類、（2）煙草、（3）碳氫油類、（4）甲醇。

(34)（問）旅客入境香港有甚麼免稅優惠？

（答） 2010 年 8 月 1 日起，旅客攜帶煙酒非作貿易、營商或商業用途入境香港，有以下免稅優惠：

i. 飲用酒類：凡年滿 18 歲的旅客，可以免稅攜帶 1 升在攝氏 20 度下量度所得酒精濃度以量計多於 30% 的飲用酒類進入香港，供其本人自用。

持香港身分證的旅客，則必須離港不少於 24 小時才可以享有以上豁免數量。

ii. 煙草：凡年滿 18 歲的旅客，可以免稅攜帶下列煙草產品進入香港，供其本人自用：19 支香煙；或 1 支雪茄，如多於 1 支雪茄，則總重量不超過 25 克；或 25 克其他製成煙草。

(35)（問）甚麼是「有代價地不予檢控」？

（答） 入境旅客如就其所管有而超出免稅優惠數量的應課稅品不向海關人員作出申報，或作出虛假或不完整的申報，可遭檢控。海關可考慮有關特別情況；如涉及的應課稅品是少量，及該入境旅客是初犯等理由，海關根據《應課稅品條例》，向違規旅客作出有代價地不予檢控的安排，罰則為：有關的應課稅貨品的須繳稅款的 5 倍及罰款港幣 2,000 元。

(36)（問）如在過去 24 小時內曾離港多於一次的旅客，可否攜帶配方粉？

（答） 年滿 16 歲人士在過去 24 小時內曾離港一次或多於一次可以攜帶配方粉，但要符合以下條件：

i. 在過境時須與 36 個月以下的嬰幼兒同行；

ii. 有關配方粉須載於非密封容器內；以及

iii. 配方粉的分量不得超逾該兒童由香港的有關出境點前往下一個入境點途中食用的合理分量。

(37)（問）為何海關人員需要搜查旅客及其行李？

（答） 海關人員肩負防止及偵緝走私違禁品（例如毒品、槍械、彈藥、武器、冒牌貨品及盜版物品）的職責。為完成這項使命，海關人員以抽查方式在各出入境管制站檢查旅客的行李，並於必要時向旅客進行搜身。

(38)（問）海關人員根據甚麼準則抽查旅客？

（答）為確保出入境管制站人流暢通，海關採用風險管理方法，抽選旅客進行檢查。作出抽選時，我們會時刻謹記儘量避免對旅客造成不便。

(39)（問）如旅客進入綠通道後才發覺有貨物需要報關，他可以怎樣做？

（答）海關在綠通道沿途張貼海報，提醒入境旅客正在經過一條專為毋須報關旅客而設的通道。至於攜有報關貨物的旅客，他們應即時離開並改用紅通道及／或向海關人員尋求協助。

(40)（問）旅客是否可利用綠通道避開海關檢查及不需要向海關申報？

（答）旅客使用綠通道並不表示可免受香港海關檢查。根據紅綠通道系統，選擇採用綠通道的旅客表示他／她已作出申報，即沒有攜帶受管制物品或過多應課稅品。

(41)（問）如旅客在紅通道申報管有禁運／受管制物品，會否被檢控？

（答）旅客攜帶禁運／受管制物品入境是需要出示有效牌照或許可證的。若無有關牌照或許可證，便有可能被檢控，而有關禁運／受管制的物品亦可能會被檢取作檢控之用。

(42)（問）香港海關的各個出入境管制站是否 24 小時運作？

(答) 不是全部出入境管制站都是 24 小時運作的。香港海關的各個出入境管制站按照不同的實際運作情況，有不同的通關時段安排。全日 24 小時通關運作的管制站有下列 4 個：

1. 香港國際機場
2. 港澳客輪碼頭
3. 落馬洲管制站
4. 港珠澳大橋香港口岸

實施間斷時段通關運作的管制站有下列 10 個：

1. 中國客運碼頭（上午 7 時 - 午夜 12 時）
2. 啟德郵輪碼頭（運作時間乃根據郵輪航班停泊時間而定）
3. 羅湖管制站（上午 6 時 30 分 - 午夜 12 時）
4. 落馬洲支線管制站（上午 6 時 30 分 - 晚上 10 時 30 分）
5. 文錦渡管制站（上午 7 時 - 晚上 10 時）
6. 海運碼頭（運作時間乃根據郵輪航班停泊時間而定）
7. 沙頭角管制站（上午 7 時 - 晚上 10 時）
8. 香園圍管制站（上午 7 時 - 晚上 10 時）
9. 深圳灣管制站（上午 6 時 30 分 - 午夜 12 時）
10. 廣深港高速鐵路西九龍站（上午 6 時 30 分 - 晚上 11 時 30 分）

4. 忠誠問題

(43)（問）如你獲取錄為海關關員，你打算做多少年？

（建議）面試官想探測你是否全心全意投身海關，在海關發展你的事業，所以你不宜說一個特定年限，這樣會令面試官覺得你是「騎牛搵馬」。如你即時作出終身承諾，說做到退休，面試官則會覺得你太浮誇，不切實切。故比較可取的答案是「如我有機會獲得取錄，我會盡心盡力貢獻香港海關，服務香港社會，不會為自己設下任何年限。只要香港海關仍然需要我，我一定繼續。」

(44)（問）難道你不覺得你的資歷對關員來說太高了嗎？

（建議）很多時候，面試官提出這個問題的真正目的是恐怕你只是需要一份工作，接受這份工作之後，就會視之為短暫工作安排，當你得到一個更好的工作機會，會很快離開。你的答案必須解決這個問題，要強調投身香港海關是你自小的志願，你相信在香港海關會有很多發展機會，良好的資歷只會使你更快、更容易掌握海關的工作。

3.9　7 大面試問題詳解

以上不同章節已探討過不同類型的面試問題，特別是有關考生的「自我介紹」，在本章已有詳盡描述，但在眾多面試題目中，除「自我介紹」外，以下 7 題是考生經常遇到的提問，現就個別提問作深入探討。

1. **你最大的優點是甚麼？**
2. **你最大的缺點是甚麼？**
3. **你如何處理緊張和壓力呢？**
4. **你為甚麼要離開現時的工作呢？**
5. **你為甚麼想投考海關關員？**
6. **為甚麼我們應該僱用你？**
7. **未來的目標是甚麼？**

1. 你最大的優點是甚麼？

是一個簡單不過的面試問題，你必須了解自己的優點是否海關所需要的、能否應用在海關職務上。

答案示例

· 當我負責一個工作項目，我不想只是為了達到上司指定的期限。相反，我寧願提前把工作完成。

· 我擁有優秀的時間管理技巧，我最擅長將繁瑣的工作有組織和高效率地完成，為此我感到自豪。

· 我的客戶服務技巧和解決困難的能力讓我感到自豪。

1.1. 你最大的優點對你在工作上有甚麼幫助？

作為後續提問，面試官可能會問你的優點如何幫助你的工作表現。你回應時，要描述你的能力如何使你有效執行工作。

答案示例

· 我最大的優勢就是我有能力與許多不同類別的人合作。我能從遇到的每個人身上看到他們的長處，我相信這將提高我的團隊合作能力。
· 我最大的優勢就是我時刻以工作為重。我不容易分心，這意味着即使是在一個非常忙碌的工作環境中，我也可以有非常高的工作表現。
· 我最大的優勢就是我有專注於手上工作的能力。無論周遭環境如何煩亂，我都不會輕易受干擾。
· 我的組織能力是我最大的力量，我能夠同一時間處理多過項目。

2. 你最大的缺點是甚麼？

當問你最大的缺點時，有幾種不同的回答方式，包括提出一些與海關工作無關的個人缺點、你已經改善糾正過來的缺點，把消極負面的缺點變為積極的元素。

與海關工作無關

例如，你申請海關關員工作，你可表示你不特別善於進行小組匯報，同時提供了一個以往工作的例子。你在一大群人面前作介紹會感到困難，但一對一的溝通則很有效率。要強調你已知悉到有關缺點，積極加強自己在眾人面前匯報的能力。

已經將有關缺點改善糾正

另一種選擇是討論你以前的工作水平（最好與海關工作無關），例如中文打字速度未達到上司要求。必要時可以描述你最初的工作水平，然後再講述已經採取甚麼措施來改善，說明你經改善後工作水平如何提升。

把消極負面的缺點變為積極的元素

答案示例

· 我想確保我的工作是完美的，所以我經常再三檢查覆核，不容有任何差錯，但花費太多時間。不過，我已經通過建立工作系統，確保每個環節都正確操作，省卻覆核的時間。
· 我時常要等到最後一分鐘才編定下一星期的工作時間表，令工作完成得比較倉促。但我已經意識到提前調度是更有效率的資源管理。
· 我會花很多時間使工作成果超過上司要求，凡事親力親為而不會委派給別人。雖然我從來沒有錯過最後期限，但這已使我感到很吃力。現在我知道甚麼時候要與同事合作，發揮各人所長，令工作更有效率。

3. 你如何處理緊張和壓力呢？（這是典型的面試問題，問你如何處理工作壓力。）

答案示例

· 壓力對我來說是非常重要的。有了壓力，我可以把工作做到最好。適當的處理壓力方法，可以確保我的生活取得平衡，它可令我保持積極和高效率。

· 我喜歡在一個充滿挑戰的環境中工作。其實在壓力下工作使我有更大的滿足感。
· 我會優先考慮重要和趕急的事。我有一個清晰的思路，甚麼時候需要做甚麼，已經在腦海中早有安排，這可幫我有效地管理壓力。
· 我不是容易衝動的人，當我有困難的時候或在壓力之下，我唯一的考慮重點，就是保持冷靜並把工作做好。

4. 你為甚麼離開你的工作？

不論你轉工的原因是被公司解僱，或自己辭職，都要仔細審視如何制定你的回應，特別是當你在不太好的情況下離開。

謹記不要數落你的上司、僱主。不管你為甚麼離開，不要對你以前的僱主作負面批評，否則面試官可能會認為你不承擔責任，只會推諉他人。

答案示例

· 我現在任職的公司已不再有增長空間，我希望及已經準備好接受一個新的挑戰。
· 我想尋找一個更大的挑戰和發展。
· 由於公司重組，我們的部門被淘汰。
· 我最近完成一個學位課程，我想利用我的教育背景，在下一個職位上有新的發展。
· 我離開之前的公司以花更多時間照顧我患病的父親。但現在情況已經改善了，我準備再次全職就業。
· 因公司削減職位裁員，我的職位不幸地被裁掉。

5. 你為甚麼想投考海關關員？

這是一個良好的機會讓你展示個人能力，應提及海關關員所擔負的使命，及所包含的挑戰。

答案示例

- 我想成為海關關員，因為它能發揮我的能力，包括人際關係技巧、溝通能力和凝聚團隊的能力。正如我剛才所說，我曾代表公司與一個與公司有爭執的客戶談判，因我的努力斡旋，問題終得到圓滿解決，雙方都接受方案。此外，我任職的部門因這件事而變得更團結。
- 香港海關是一個高速發展的部門，無論在職能、架構、人力資源等都大大提升。因為它的增長，我想成為香港海關其中的一分子，我相信在香港海關我會有遠大的發展前景。

6. 為甚麼我們應該僱用你？

這是典型的面試問題：「你為甚麼會是這個職位的最佳人選？」「為甚麼我們應該僱用你？」

- 作出回應的最好方式是提供具體的例子，為甚麼你的才能和成績比其他考生更適合。花幾分鐘時間強調你的能力，以及你曾在其他工作位置上的成績，配對關員的要求作詳細描述，並重申你對香港海關關員工的熱誠和興趣。

7. 未來的目標是甚麼？

不要討論是否回到學校進修或有關家庭的未來發展，這些都與你投考關員無關，不可以為你爭取過關。相反，你要將你答案建設在你所投考的關員工作上。

答案示例

· 我的長期目標是與香港海關一起成長，在海關服務的同時繼續學習，承擔更多責任，作更有價值的貢獻。
· 一旦我在關員職級獲得足夠的經驗，我希望有機會晉升到高級關員、總關員，甚至海關督察。

第 4 章
投考關員急症室

1. 新入職的海關關員會接受甚麼訓練？

新入職的海關關員將會在大欖涌香港海關訓練學校接受大約 20 星期的全住宿入職訓練。訓練期內學員需要入住學員宿舍，星期六及星期日可放假回家，星期日下午回訓練學校報到。每天早上有體能訓練和步操訓練。

海關關員主要訓練內容：

· 步操訓練、體能訓練、槍械訓練、射擊練習
· 基本戰術訓練、伸縮警棍訓練、胡椒噴霧訓練
· 香港政府及香港海關架構
· 越野訓練、游泳、水上安全訓練及拯溺
· 自衛術及急救學
· 海關人員執行的有關法例與所需的技能及知識
· 工作記事簿／撰寫書面報告
· 香港司法制度、政府規例及訓令、部門通令及手冊
· 基礎法律知識
· 《香港海關條例》／《香港海關（紀律）規則》
· 海關品行與紀律
· 《危險藥物條例》／《化學品管制條例》
· 《進出口條例》／《應課稅品條例》

- 《火器及彈藥條例》／《武器條例》
- 《版權條例》／《商品說明條例》
- 《藥劑業及毒藥條例》／《抗生素條例》
- 逮捕及拘留程序／練習
- 查問疑犯及錄取口供的規則及指示、錄取口供練習
- 錄影會面系统操作、警司警誡計劃
- 有代價地就罪行不予檢控
- 香港常見濫用藥物／處理檢獲危險藥物
- 緝毒行動、情報處理
- 部門電腦系统
- 搜查程序／練習
- 旅客／行李／貨物／郵包檢查
- 電子偵查儀器、無線電通訊機的使用、X光機使用
- 法庭程序／模擬法庭練習／參觀屯門法庭
- 處理正式落案起訴文件
- 搜查船隻採取的安全措施
- 工作程行及指引與各海關科系工作及職能
- 參觀機場科／海域及口岸科／邊境管制站

2. 海關關員是否需要佩帶槍械？

海關關員在執行職務期間，是需要佩帶槍械的。但個別科系會因不同工作性質有不同安排。而根據《火器及彈藥條例》，香港警察、香港海關、廉政公署執行公務時均可佩帶槍械。

3. 我的手指曾在一次交通意外中受傷，不能屈曲，但身體健康良好，會否影響投考海關關員？

成功通過遴選面試的考生，需要經過驗身和品格審查。如有關考生在驗身時被醫生確定為因手指不能屈曲而不能正常操作槍械，該考生將不獲取錄，因不能正常執行海關職務。

4. 新入職的海關關員試用期是多久？試用期的關員和正式關員有甚麼分別？

新入職的海關關員試用期是 3 年，試用的目的在於讓主管人員觀察新招聘員工的表現和品行，藉以評估其是否適合永久聘任。試用期內，有關關員會每半年被調任不同的科系，熟習海關運作、相關法例和部門內部的規則等。試用期內會每半年作一次工作表現評核。由於是試用性質，在試用期內的新入職關員不在被考慮晉升之列。當完成試用期，正式成為永久聘任的海關關員時，便有資格參與晉升資格甄別試，而半年一次的工作表現評核將轉為一年一次的週年評核，有關關員會按在試用期的表現及專長被派往某一科系，為期3至4年不等。但在未屆試用期限前（即試用期滿前三個月內），若直屬指揮官有理由認為有關關員不宜任用，例如認為其性格和個性不適合、行為不當或工作表現欠佳等，不宜讓其繼續留任，就會給予一個月通知或一個月代通知金，終止聘用。

5. 海關關員入職後的晉升機制和標準是甚麼？關員晉升是否需要見 Board ？

關員晉升時不需要進行面試或見 Board。在特別情況下，如某一需要特別技能的職位，才會安排晉升面試。當晉升職級出現空缺或即將出現空缺時，關長會委任晉升選拔委員會，參照各合資格人員經上司評審的工作表現報告，甄選合適人員填補有關空缺。故整個甄選過程均不會有任何面試程序，而以工作表現報告篩選形式（Paper Board）進行。當局會發出常規通令，公布晉升選拔工作即將進行，及晉升的遴選準則。

至於關員晉升的準則，以有關人員的品格、才幹、經驗，以及有關晉升職級（即高級關員）所需的資格為準則。除非沒有最合適的升級人選，否則不會考慮有關人員的服務年資。為了確係招聘職級人員具備擔任高一級職位的相關工作知識和經驗，關員需具備下列條件，才會獲考慮晉升：

(1) 已完成試用期；及
(2) 考獲相關晉升資格甄別試合格。

6. 關員晉升資格甄別試是否每年都會舉行？

關員晉升資格甄別試會在每年的晉升選拔委員會開始前舉行。訓練及發展科會發出常規通令公布關員晉升資格甄別試安排及接受合資格關員報名，已完成試用期的合資格關員都可報考晉升資格甄別試。

7. 關員晉升資格甄別試的內容和形式是甚麼？

關員晉升資格甄別試會考核關員對香港海關工作的有關法例、內部訓令、政府規例等是否熟習。每年部門舉辦關員晉升資格甄別試時，部隊行政科會出內部通告，已完成試用期或試任期的合資格人員可以報名參加甄別試。考試以選擇題形式舉行，從不同層面和角度考核。參加甄別試的關員會收到個別成績通知，而合格的關員名單將會呈交晉升選拔委員會作晉升選拔。

8. 如果我被任命為海關官員，我可以通過甚麼內部渠道晉升為督察？

除公開招聘外，在職關員級人員在下列情況下可晉升為督察：

內部委任在職的關員級人員

關員級人員如具備所需資格，可獲考慮由內部委任為督察。合乎內部委任督察資格的人員會獲邀參加語文表達能力考試，目的是評核其中英語文的水平、時事常識、組織能力及分析能力。

下列為有關資格：

(1) 至少在部門服務 3 年；

(2) i. 在香港中學教育文憑考試（中學文憑試）中有 5 科達到 2 級或以上成績，或同等學歷；或

ii. 在香港中學會考（會考）中有 5 科達到 2 級／ E 級或以上成績，或同等學歷；

(3) 如果上述不包括中國語文及英國語文科，則在香港中學文憑考試或香港中學會考中，中國語文及英國語文科需達到 2 級或以上成績，或同等學歷；並能講流利的粵語和英語；

（注：在 2007 年前的香港中學會考中國語文及英國語文科（課程乙）E 級成績在行政上等於在 2007 年或以後在香港中學會考的中國語文及英國語文科第 2 級成績）

(4) 前 3 年內有良好的整體工作表現；及
(5) 任何因紀律行動所引起的處罰已宣告無效。

總關員特別委任計劃

總關員如具備所需資歷，可獲考慮循特別委任計劃由內部委任為督察。符合特別委任計劃資格的人員會獲邀參加筆試。筆試分為兩部分：甲部考核其中英語文運用能力、時事常識、組織能力及分析能力；乙部測試海關工作的專業知識。

下列為有關資格：

(1) 至少在總關員職級服務 5 年；
(2) 英文和中文兩種語言達到相當於中三程度，並能操流利的粵語和英語；
(3) 前 5 年有良好的整體工作表現；
(4) 任何紀律行動所引起的處罰已宣告無效；及
(5) 對海關工作擁有淵博的知識和出色的領導技巧。

9. 我有近視要佩戴眼鏡，可以投考海關關員嗎？

投考海關關員要通過視力測驗，視力測驗會分兩部分：甲部檢測近視／遠視，如考生在日常生活上需要佩戴眼鏡，則考生在測驗過程中可佩戴眼鏡進行；乙部則測驗考生色盲程度，檢測過程中，考生不可佩戴任何眼鏡。香港海關容許考生有一定程度近視／遠視，但卻不容許考生有色盲，因會阻礙執行職務。

10. 身為非法組織成員，如身為三合會會員，可否投考海關關員？

不可以。香港海關會對每一位成功通過面試考生進行驗身及品格審查。香港海關對每一位海關人員有高度的品行要求。《香港海關（紀律）規則》對香港海關人員的行為有嚴格規範，如任何海關人員因其行為而損害香港海關的良好秩序及紀律即屬違紀行為。身為三合會成員或其他任何非法組織成員，實際上已違反上述規定。

11. 如果我的家人有犯罪記錄，會影響我投考海關關員嗎？

取決於品格審查結果。香港海關會對每一位成功通過面試考生進行驗身及品格審查。《香港海關（紀律）規則》對香港海關人員的行為有嚴格規範，任何海關人員因其行為而損害香港海關的良好秩序及紀律即屬違紀行為。如品格審查結果顯示考生對香港海關良好紀律有可能構成損害，則不會獲得取錄。如家人所犯的罪行並非嚴重罪行，而考生又不涉及其家人的犯罪行為，亦不會因其家人的犯罪行為而妨礙他執行職務，更沒有其他行為可被視為損害香港海關的良好秩序及紀律，或使到香港政府的公共服務受損，則應該不會影響其投考海關關員。

12. 如果考生曾經被警司警誡，會影響投考海關關員嗎？

會。香港海關是一紀律部隊，對海關人員的品行有嚴格要求，雖然警司警誡在法律上不是刑事紀錄，不是法庭的裁決，但已實際上干犯某項刑事罪行，只是因有關執法機構不提出刑事起訴而以警司警誡處理，有關行為難以通過品格審查。

13. 如考生是政黨成員，可否投考海關關員？

可以。根據香港海關品行及紀律守則，海關人員要堅守法治、政治中立，在執行職務時必須遵從有關守則。但考生個人的政治理念取向，純粹是個人範疇。無論是否政黨成員，如職為關員，則必須嚴守政治中立的原則。

14. 海關關員可否留長髮和染金髮？

不可以。留長髮和染髮違反了香港海關規定。海關人員在當值時的行為和儀容有嚴格規定。在頭髮方面的規定如下：

男性海關人員

保持頭髮清潔，修剪整齊，髮腳不得蓋住衣領。髮腳不可長過半耳，並且應修剪平腳而非尖腳。頭髮不得染成誇張顏色。

女性海關人員

保持頭髮清潔，修飾整齊，髮腳不得長過衣領下緣。頭髮不得染成誇張顏色。

15. 男性海關關員可否留鬚？

以往也有海關人員留鬚，其中更包括前任海關關長曾俊華。但海關人員留鬚的形式均是遵照香港海關對男性海關關員留鬚的規定。按照有關規定，男性海關人員在當值時必須剃乾淨鬍鬚，但以整潔及不誇張為原則。

16. 海關關員可吸煙嗎？

不可以。海關人員工在海關部門佔用、管理或管制範圍內的所有室內地區，以及在公眾場合執勤時，均不准吸煙。員工在私人地方執勤時亦不應吸煙。海關人員除了禁止在室內及任何香港海關工作間吸煙外，任何海關人員在當值時，在公眾視線範圍下皆不得吸煙。任何海關人員在當值時吸煙是違反香港海關規定，會被處分。

17. 海關關員在執行職務時可以使用私人無線電話嗎？

可以。海關人員在執勤時攜帶和使用私人電訊設備，必須遵行下列原則：（a）使用私人電訊設備時，不得對所執行的職務造成妨礙或干擾；（b）需儘量減少使用私人電訊設備，並儘量縮短每次使用的時間；在辦公室時，有關設備應轉為靜音模式，以免對他人造成騷擾；（c）使用私人電訊設備時，不得損害部門的形象，或使政府聲譽受損；以及（d）穿着制服的部隊人員只有在不影響制服整體外觀時，才可攜帶私人電訊設備。有關設備在不使用時應予以隱藏，並選用靜音模式。

18. 香港海關對海關關員化妝和佩戴首飾有甚麼規定？

男性關員在當值時，應避免佩戴矚目的首飾，只可佩戴手錶和最多 2 隻戒指，而戒指不可太大或過於花巧。女性關員在當值時，可適量化妝；可塗指甲油，但顏色以淺淡柔和為原則；可佩戴細小和款式簡單的金色、銀色或無色穿孔耳環；在每一隻耳上不可穿戴超過一隻耳環。

19. 如考生現在從事兼職工作，例如義工、輔助警察、民安隊、補習教師等，是否需要先辭去兼職工作才可投考海關關員？

不需要。但如考生成功被取錄後，而又希望繼續有關非兼職工作，便需要先申請批准。根據香港海關規定，不論何時，海關人員應優先為部門服務，必須避免可能影響其本身職務或令其分心的外間活動（不論是否有薪）。海關人員如未得部門事先批准而在工作時間以內／外從事有薪外間工作，或在工作時間內從事無薪外間工作，會遭受紀律處分。

海關人員可無需申請而在工作時間以外擔任無薪的外間工作，但該人員有責任確保所從事的外間工作不會與其公職有任何利益衝突。輔助警察、民安隊、醫療輔助隊等與香港海關職務並無衝突，一般都會批准。

因從事外間工作而引致利益衝突的常見例子，包括下列公司的工作：

(1) 光碟製造廠或貿易公司
(2) 提供運載貨物或旅客往返香港的運輸服務公司
(3) 紡織廠或貿易公司
(4) 從事進出口戰略物品的公司
(5) 從事有關受管制化學品業務的公司

20. 如考生向財務公司（俗稱「大耳窿」）借貸欠下無力償還的債項，但能成功通過甄選程序及面試，會否被取錄？

不獲取錄。香港海關會對每一位成功通過面試考生進行驗身及品格審查。如查證有關考生向「大耳窿」借貸且欠下無力償還的債項，雖然該考生成功通過甄選程序及面試，但也不會獲得取錄。香港海關規定海關人員有責任審慎理財，避免欠下無力償還的債項，並應確保個人財務問題不會影響其工作效率和損害其作為公務員的誠信。如因債務問題而導致工作效率減低或作出失當行為，將會受到處分。

21. 我不諳水性，可以投考海關關員嗎？

可以。整個海關關員遴選機制和考生資格皆沒有要求考生諳水性，但如成功獲取錄，將會接受 20 星期的入職訓練，除海關職務和有關法例和內部規則外，更會有水上安全訓練。完成訓練後，學員可成功游畢 50 米。

22. 投考海關關員有沒有任何年齡限制？

沒有。香港海關在招聘關員時依照平等機會原則，取錄與否均視乎考生學歷成績、遴選過程中的表現、驗身及品格結果等。一般入職年齡是 30 歲以下，但也不乏 35 至 40 歲的入職關員。

23. 考生如申請海關關員是否不可以同時申請海關督察？兩者有沒有衝突？如果我在第一輪失敗，我可以參加第二輪嗎？有沒有次數限制？

香港海關招聘督察和關員通常會分期舉行，但考生可同時投考兩個職位。同一考生可先後參加兩個職位的遴選程序，筆者也曾分別在招聘海關督察和招聘海關關員的面試中遇見同一考生。考生會按不同的學歷條件、能力標準、語言要求等被篩選。如同時獲兩者取錄，考生可作適當的選擇。如考生在第一輪失敗，未能獲得取錄，可在下一輪香港海關招聘督察和關員時再申請。每一輪的投考個案皆是獨立處理和考慮，與以前申請毫無關係。香港海關對考生投考次數沒有限制。

24. 我居港將會滿 7 年，現正在申請香港居民身分，但尚未獲得批准，我可以申請海關關員嗎？

不可以。海關關員的入職條件除基本學歷、視力測驗、語文能力，和通過遴選程序外，申請者必須是香港特別行政區永久性居民。在呈交申請表時，申請者必須已是永久性居民，否則香港海關不會受理有關申請。

25. 如果我申請海關關員，是否不可以同時申請其他政府紀律部隊（警察、入境處、消防、廉政公署）？

可以同時申請。投考海關關員與投考其他政府紀律部隊，例如警察，消防、入境處、廉政公署等並沒有衝突。除非有特別情況，香港海關通常不會查證考生是否同時申請其他政府部門職位或其他私人機構職位。但在面試時，考官或會詢問考生有關問題，考生可如實作答，不必隱瞞，因同是紀律部隊，不會影響面試官對你的印象。

26. 如果我面試時，面試官知道我申請海關關員，又同時申請其他非紀律性的文職政府部門，會否減低我的獲選機會？

如考生在面試時向面試官表示申請海關關員外，又同時申請其他政府的文職部門職位，而非紀律性執法部門，面試官會認為你沒有明確的職業目標，只是在找尋一份工作、一份穩定的職業，並非有意投身海關或紀律部隊，那極可能會減低成功機會。

27. 香港海關關員的當值編制為何？

由於工種的多樣性，因着不同科系，甚至同科系中不同職位，關員會有不同的當值編制：

(1) 一週五天制：0900 至 1800

(2) 輪 3 更制： 早 （0700 至 1500）
晏 （1500 至 2300）
通宵 （2300 至 0700）

(3) 返 24- 放 48 制：連續上班 24 小時後，休息 48 小時再上班 24 小時。

此外更有在正常更以外的特別更制，如情報及職查處轄下的各個特別職務隊和調查科系的 on-call 編制。故海關關員的當值編制皆取決於所屬的科系。

28. 香港海關搜查犬是否只能搜查毒品，沒有其他功能？

不是。海關搜查犬分為 4 個類型，在不同工作環境發揮功用：

(1) 活躍型搜查犬：負責在海關檢查站嗅查貨物。當嗅到毒品的氣味時，牠們便會用爪抓劃可疑物品或向着可疑物品吠叫。
(2) 機靈犬：負責在海關檢查站嗅查旅客及其所攜帶的隨身行李。當嗅到毒品的氣味時，牠們便會安靜地坐在對象前面不動。
(3) 複合型搜查犬：牠們集活躍型搜查犬及機靈犬的優點於一身，負責在海關檢查站嗅查出入境旅客及貨物。
(4) 爆炸品搜查犬：負責搜尋含有爆炸品的可疑物品。

29. 香港海關關員是否要定期參加體能測試？

職級從關員至助理監督的海關人員而年齡未滿 45 歲，必須參加週年 2.4 公里跑步測試及要在指定時間內完成。未能完成者會被安排參加體能改進課程，以保持最佳狀態。規定的最長完成時間（合格時間）按不同年齡組別和性別而有所分別：

年齡組別	男性關員（分鐘）	女性關員（分鐘）
40-45	14.5	16.5
35-39	14	16
30-34	13.5	15.5
25-29	13	15
20-24	12.5	14.5
未滿 20	12	14

30. 香港海關在 2014 年中在各邊境檢查站設置「毫米波被動探測器」，加強打擊走私和販毒的能力。甚麼是「毫米波被動探測器」？

海關偵查走私水貨和緝毒的工具大概可分 4 種：汽車管制站使用的是穿透力較強的 X 光機檢查車輛；檢查過境旅客則依賴人手和搜查犬，但搜查犬不能長時間工作，還需要領犬員帶領和照顧；還有針對毒品和違禁品的離子分析機，海關人員截停可疑人士後，用儀器收集附於物品表面的極微量分子，若發現有毒品或爆炸品，離子機會響起警號。

近年走私水貨活動活躍，為提升執法能力，海關引入由英國研發的一種最新查驗儀器，名為「被動毫米波偵查系統」，又稱「毫米波影像雷達」。美國在 2013 年也採用被動毫米波完全取代 X 光機，於機場及政府大樓等地方使用。被動毫米波偵查系統完全無入侵性，對人體無害，也不穿透人體。其運作原理是接收不同物質發出的微波中的毫米波，分析差異，再在屏幕顯示物品的輪廓（因任何物質也會發出微波，只是波長和能量不同）。海關已經購入了 3 套被動毫米波偵查系統作試驗，2013 年在啟德郵輪碼頭和機場試驗，若證實有成效，未來將會在其他管制站全面使用。

第 5 章
海關助理貿易管制主任

5.1　香港海關貿易管制處架構

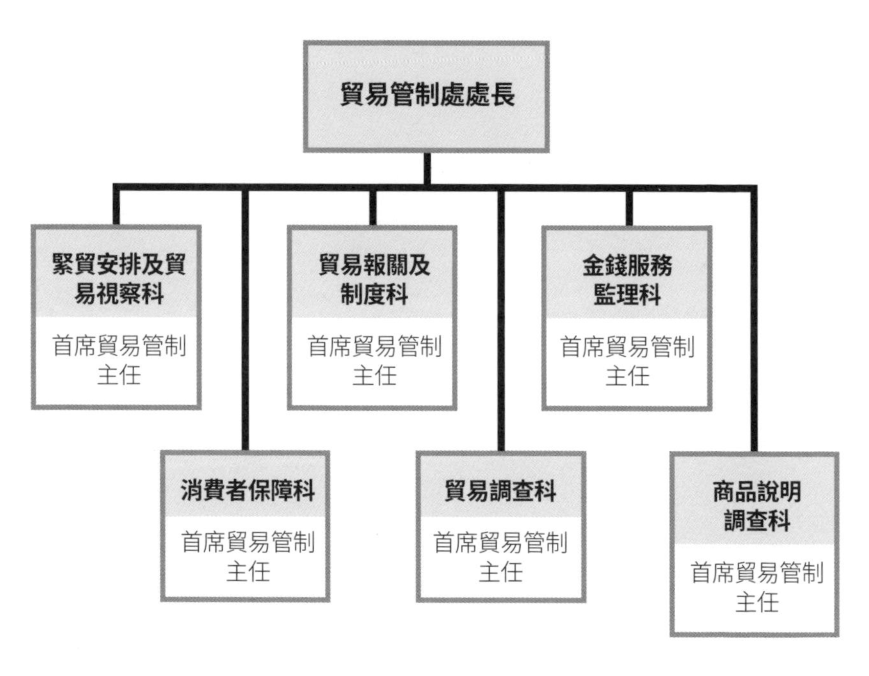

（資料來源：整合自香港海關網頁）

5.2 香港海關貿易管制處發展史

1. 工業視察組的成立

1932 年　英國特惠關稅實施

當時的出入口管理處以及在 1949 年後的工商管理處負責登記特惠稅證及產地來源證，和巡查工廠，配合英國特惠關稅實施。

1962 年　《棉紡織品國際貿易長期協定》正式生效

香港紡織品出口開始受到外國入口配額所限制，工商業管理處要確保紡織商符合配額制度的規定，大增巡查工廠的次數，確保紡織商符合配額制度的規定。

1965 年　工商業管理處成立工業視察組

- 專門巡查所有在工商業管理處登記申請特惠稅證或產地來源證的工廠，以及執行關於紡織品配額限制事務的調查工作。

- 工業視察組在成立初期由 46 名緝私隊人員暫任職員，該組人員屬於政府文職職系，持有工商業管理處處長根據《進出口條例》所簽發的工商業管理處手牒，作為該組人員在工廠巡查時的身分證明。

- 維護香港遵守貿易協議的國際聲譽，工業視察組聘請了一批工業助理員（即現時助理貿易主任），提供 3 個月的入職課程，熟習工廠巡查的方法和程序。在正式入職後，更需接受為期 9 個月的在職訓練，以及半年至一年的指導訓練。

2. 管制重要物資

60 年代　越南戰事爆發

加上中國政治和經濟局勢不穩定，香港糧食尤其是食米的供應日趨緊張。工商業管理處便開設儲備商品調查員的職位，專責管制負責食米、凍肉、煤碳、木柴等管制工作，其中以食米管制尤為重要。

70 年代初期　東南亞的戰爭局勢惡化

不少入口米商囤積居奇，使市面食米供應減少，米價大幅上升。儲備商品調查員更負責檢查入口米商的數簿，確保食米進口後的 15 天內，米商將該批食米賣給本地批發商，確保香港食米供應正常。

3. 管制紡織品貿易

70 年代　國際貿易保護主義抬頭

- 香港紡織品受到美國等主要貿易伙伴配額限制，無法以價格便宜的優勢將香港紡織品推銷至外國。

- 面對國際貿易壁壘，工商業管理處需配合外國配額制度的要求，嚴格管理香港紡織品出口至外國。

5.3 香港海關貿易管制處職務

香港社會日趨多元化，隨着香港工業北移中國內地，社會經濟環境轉型，貿易管制處執行的職能也起了重大改變。以下是現時貿易管制處負責的職務：

1. 執行《進出口條例》（第 60 章）

- 戰略物品管制
- 執行金伯利進程未經加工鑽石發證計劃

2. 執行《消費品安全條例》（第 456 章）

3. 執行《儲備商品條例》（第 296 章）

4. 執行《玩具及兒童產品安全條例》（第 424 章）

5. 執行《度量衡條例》（第 68 章）

6. 執行《打擊洗錢及恐怖分子資金籌集（金融機構）條例》（第 615 章）

- 金錢服務經營者的監理

7. 《商品說明條例》（第 362 章）

- 打擊不良營商手法
- 執行《提供關於天然翡翠的資料》令
- 執行《黃金及黃金合金》令
- 執行《白金的定義》規例
- 執行《提供關於受規管電子產品的資料》令

8. 執行內地與香港關於建立更緊密經貿關係（CEPA）的安排

1. 執行《進出口條例》（第 60 章）

《進出口條例》旨在對輸入和輸出香港物品，作出規管及控制。除一般貨物的報關規定外，某些指定物品的進出口更會受到進口證或出口證管制。其中包括：(a) 戰略物品 (b) 儲備商品 (c) 殺蟲劑 (d) 放射性物質及具放射力器具 (e) 藥劑產品及藥品 (f) 消耗臭氧層物質。香港海關便在各出入口管制站負起相關的執法工作。而規管戰略物品更是貿易管制處的重要職能。

戰略物品

香港貫徹執行全面及嚴格的戰略物品進出口管制，以防止香港被利用為大規模毀滅武器的擴散渠道，亦同時確保作為合法工商業及科研用途的先進科技能自由無阻地進出香港特區。凡進口香港法例《進出口條例》及《進出口（戰略物品）規例》所指明的戰略物品，均須遵守工業貿易署實施的簽證管制措施。香港海關是戰略貿易管制的唯一執法機關，而香港海關貿易管制處更負起執行管制戰略物品進出口重要職能，在各個香港出入口管制站履行管制戰略物品的入口、出口、轉運及過境的許可證制度，貿易管制主任會檢查出入各個管制站的戰略物品，是否附有香港工業貿易署負責就戰略物品的進出口發出許可證，主要負責：

- 實地檢查進出口的貨物；
- 核實進出口許可證中所申報的資料的真確性；
- 搜集並整理資料及情報；以及
- 調查及檢控違反戰略貿易管制的非法行為

如發現有違規行為，會依例作出檢控。受管制戰略物品林林總總，其中包括：高速數碼電腦、以複式半導體製成的記憶裝置、單式光纖精密通訊系統、化武前體、與核子、化學或生物武器用途有關的物品，以及若干火器及彈藥等。一般視為戰略物品。簽證的目的是要監察及管制戰略物品的流通，以免香港被利用作擴散武器的管道，並確保香港可繼續取得高科技產品。

執行金伯利進程未經加工鑽石發證計劃

金伯利進程未經加工鑽石發證計劃（發證計劃）由金伯利進程訂立。進程屬國際協商會議，旨在遏止由「鑽石」貿易助長的武裝衝突、叛亂活動及武器非法擴散。中華人民共和國已參與該發證計劃，而香港特別行政區的工業貿易署及香港海關是中華人民共和國的指定進出口機關，負責在香港實施該發證計劃，以保障香港特區作為地區鑽石貿易樞紐的利益。但內地與香港特區的管制制度是完全分開運作的，香港的發證計劃包括未經加工鑽石商的登記制度及未經加工鑽石進、出口證簽發制度。計劃由工業貿易署管理，而香港海關則負責執法工作。

2. 執行《消費品安全規例》

按照《消費品安全條例》的規定，所有消費品均須符合一般安全規定或商務及經濟發展局局長訂明的安全標準及規格。製造商、進口商及供應商有法定責任確保其供應的消費品達到合理的安全程度，有關消費品的廣告亦受到管制。為確定該等貨品是否達到合理的安全程度，貿易管制處鼓勵供應商自行把消費品送交認可檢驗所測試。

此外，《消費品安全規例》更規定，就任何消費品的安全存放、使用、耗用或處置作出的警告或警誡，必須以中文及英文表達，且須是清楚可讀的。及須載於相關消費品的包裝、或附於包裝內的文件等顯眼位置。

一般安全規定：

- 貨品的用途及售賣的形式；
- 貨品上所採用與該貨品的存放、使用或耗用有關的標記、說明或警告；
- 符合標準檢定機構所公布的合理安全標準；以及
- 是否有合理的方法使該貨品更為安全。

3. 執行《儲備商品條例》（第 296 章）

食米是本港市民的主要食糧，因此在《儲備商品條例》中被訂為儲備商品。在《儲備商品條例》下，香港政府實施食米管制方案，以確保食米有穩定的供應，並貯存足夠供市民在一段合理時間內食用的儲備存貨，以應付緊急或短期供應不足的情況。工業貿易署會就相關儲備商品的進出口、流動、貯存和分配等簽發准許證或許可證規管，而貿易管制處則執行《儲備商品條例》的實施。

4. 執行《玩具及兒童產品安全條例》

根據《玩具及兒童產品安全條例》，凡製造、進口或供應本地使用的玩具，均須符合條例內有關玩具的標準及規定。

於玩具及兒童產品和產品的任何包裝的顯眼位置上，必須加於包裝上的標籤，或有識別標記。清楚可讀的形式，以中文或英文或中英文載有製造商、進口商或供應商的全名、商標或其他識別標記，及在香港的地址；以及任何就玩具或兒童產品的安全存放、使用、耗用或處置作出的警告或警誡。

5. 執行《度量衡條例》

香港法例第 68 章《度量衡條例》用來保障消費者，避免在交易過程中受到不公平對待及出現貨品的重量和度量不足等情況。根據該條例，任何人管有、製造、供應或使用偽誤或不完備的度量衡器具作營商用途，即屬犯罪。該條例亦規定以重量或度量出售貨物時，必須按淨重量或淨度量出售。

6. 執行《打擊洗錢及恐怖分子資金籌集（金融機構）條例》（第 615 章）

打擊洗錢條例提供有關洗錢及恐怖分子資金籌集（洗錢／恐怖分子資金籌集）的主要法例的條文。從洗錢的多個常見階段，這些洗錢階段包括：存放、分層、整合交易，當中經常涉及多宗交易，為犯罪得來的財富製造表面的合法性，令人以為有關收益來自或涉及合法的商業活動。本條例施以法定責任規定金融機構從營業者應留意可能涉及犯罪活動的徵兆及要向監管機構呈報。而金錢服務經營者更需得到香港海關發出經營牌照，方可營業，而貿易管制處更是負責發牌和執行有關條例的機構。

金錢服務經營者的監理

香港法例第 615 章《打擊洗錢及恐怖分子資金籌集（金融機構）條例》（打擊洗錢條例）已於 2012 年 4 月 1 日實施。任何欲經營匯款、貨幣兌換服務的人士必須向海關關長申領牌照。在沒有關長發出牌照的情況下經營金錢服務，即屬犯罪，一經定罪，可罰款 100,000 元及監禁 6 個月。根據打擊洗錢條例，香港海關負責監管金錢服務經營者（即匯款代理人和貨幣兌換商）、監督持牌金錢服務經營者履行客戶盡職審查及備存紀錄的責任和其他發牌規定，以及打擊無牌經營金錢服務。按照打擊洗錢條例的規定，香港海關貿易管制處人員處理金錢服務經營者牌照的申請及對金錢服務經營者進行合規視察和調查

7.《商品說明條例》（第 362 章）

打擊不良營商手法

《2012 年商品說明（不良營商手法）（修訂）條例》（《修訂條例》）已於 2012 年 7 月 17 日獲得立法會通過，並於 2013 年 7 月 19 日全面執行。《修訂條例》擴大了《商品說明條例》（第 362 章）涵蓋的範疇，以禁止商戶對消費者作出某些不良的營商手法，包括就服務作出虛假商品說明、誤導性遺漏、具威嚇性的營業行為、餌誘式廣告宣傳、先誘後轉銷售行為，以及不當地接受付款。《修訂條例》亦設立了一項民事遵從為本的執法機制，以鼓勵商戶遵從法例及制止已知悉的不合乎法例的手法。在此機制下，執法機關如相信某商戶作出被禁止的不良營商手法，可不提出刑事檢控，而接受該商戶停止有關手法的承諾書。

執行《提供關於天然翡翠的資料》令

香港法例第 362M 章《商品說明（提供關於天然翡翠的資料）令》及香港法例第 362N 章《商品說明（提供關於鑽石的資料）令》中訂

明零售商本身於售出天然翡翠或鑽石時，必須在所發出的發票或收據上列明該等資料。

執行《黃金及黃金合金》令

香港法例第362A章《商品說明（標記）（黃金及黃金合金）令》將足金的純度標準由990提高至999（按重量計算黃金在1,000份合金中所佔的份數）。零售商在供應「足金」製品時，必須在發出的發票或收據上，列明該足金製品的重量。

執行《白金的定義》規例

香港法例第362B章《商品說明（白金的定義）規例》規定「鉑金」及「白金」為「platinum」一字的中文用語。使用這些名稱的「白金」或「鉑金」或「白金合金」或「鉑金合金」製品，當中的白金純度以合金的重量計，不可低於1,000等份之850。如果製品在交易中標示為「足白金」或「足鉑金」，則當中的白金純度以合金的重量計，不可低於1,000等份之990。

執行《提供關於受規管電子產品的資料》令

經修訂的香港法例第362章《商品說明條例》在原先規管黃金、黃金合金及白金產品的基礎上，將鑽石、天然翡翠以及5類電子產品，即手提電話、便攜式多媒體播放器、數碼相機、數碼音響播放器和數碼攝錄機，也列為受規管產品。

- 《商品說明（提供關於受規管電子產品的資料）令》訂明零售商必須在所發出的發票或收據上詳細列出有關產品的資料。
- 《商品說明（提供關於受規管電子產品的資料）令》規定零售商

必須在所發出的發票或收據上，列明產品的售後檢查、維修或保養服務的資料。

8. 執行內地與香港關於建立更緊密經貿關係（CEPA）的安排

CEPA 是中國內地與香港特別行政區簽訂的一項自由貿易協議。這項安排令一系列符合 CEPA 原產地規則的香港產品，根據有關 CEPA 原產地證書輸入內地時，可享有零關稅優惠。香港海關負責 CEPA 簽發來源證制度的執法工作，主要目的是維護制度的完整性。執法工作包括到申請 CEPA 原產地證書並在工業貿易署登記的工廠巡查、在工廠內查核 CEPA 貨物的來源及成本，以及在各邊境出口站進行突擊檢查和調查一些涉嫌違法行為。

5.4 助理貿易管制主任的主要職責

助理貿易管制主任的主要職責包括：

1. 保障消費者權益（產品安全、商品說明及公平貿易）
2. 執行產地來源證制度，巡查登記工廠及及營運單位；
3. 執行禁運物品進出口許可證及報關的法例；
4. 在各出入境管制站檢查進／出口貨物；
5. 查核進出口報關單，並評定進出口貨物的價值，以徵收報關費及成衣業訓練附加稅；
6. 執行金錢服務經營者的發牌及規管工作，包括審查有關機構是否遵從規定，以打擊洗錢及恐怖分子資金籌集。

助理貿易管制主任主要在戶外工作，並且可能需不定時工作，或輪班當值及／或執行隨時候召職務，以及採取拘捕行動並在法庭上作供。

5.5　助理貿易管制主任入職 4 大條件

1. 必須是香港特別行政區永久性居民

2. 學歷要求

3. 語文能力

4. 通過遴選程序

學歷要求

香港中學文憑考試 5 科（包括中國語文科、英國語文科及數學科）獲第 2 級或以上成績，或具同等學歷

（或）

香港中學會考 5 科（包括中國語文科、英國語文科及數學科）獲第 2 級／E 級或以上成績，或具同等學歷

3 年從事商業、工業、會計或政府工作的相關經驗

香港任何一所理工大學／理工學院或香港專業教育學院／工業學院／科技學院頒發的文憑或高級證書，或具同等學歷

（或）

1 年從事商業、工業、會計或政府工作的相關經驗

語文能力要求

在香港中學文憑考試或香港中學會考中國語文科和英國語文科考獲第2級或以上成績，或具同等成績

能操流利粵語及英語

5.6 遴選程序

1. 筆試 +《基本法》測試

筆試設 40 題選擇題，考生須於 30 分鐘內完成中文／英文各 20 題、閱讀理解／語文運用各 10 題。

《基本法》測試設 15 題選擇題，考生須於 25 分鐘內完成。兩卷之間並無休息時間。

2. 遴選面試

當考生成功通過筆試，香港海關會按考生個別學歷及相關工作經驗編排面試次序，被邀參與遴選面試的考生會收到個別通知信。

遴選面試組由 3 位文職面試官組成，雖然貿易管制組是香港海關轄下的執法機構，但屬於文職職系。總貿易主任擔任面試組主席，另外 2 位分別由高級貿易主任及貿易主任擔任。面試過程會用英語及廣東話進行。面試時間約為 20 分鐘。

基本上，助理貿易管制主任遴選面試的方式、自我介紹技巧、要留心的肢體語言等，可參照〈第 3 章面試攻略〉。

與海關關員有分別的地方是面試官除了評核考生的一般才能和中英語言能力外，更重視考生對貿易管制組工作的認識、有關的工經驗、對問題的分析能力和能否尋求解決方法等。考生常會遇到情境性的問題，面試官會從中能評核考生在不同環境下的才能表現，以下是助理貿易管制主任遴選面試一般會評選的才能準則：

(1) 主動性
(2) 自信心
(3) 誠信
(4) 溝通和表達技巧
(5) 團隊傾向能力
(6) 分析和解決困難能力
(7) 語言能力（英語、廣東話）
(8) 專業

另外，考生要準備一份用 2 分鐘的英語自我介紹。面試開始時的第一條提問，通常就要你用英文作 2 分鐘的自我介紹。故考生要預先準備好自我介紹，不斷練習，用自然流暢的英語向面試官表達。其他面試官會輪流用英語及廣東話向你提問。

3. 體格檢查

體格檢查程序與海關關相若，詳情可參照〈第 2 章第 4 關：體格檢查及視力測驗〉〈1. 體格檢查〉章節。

4. 品格審查

投考助理貿易管制主任與投考海關關員一樣，最後一關是品格審查。海關會透過多個機構，包括香港的內部查核、香港警察刑事紀錄、廉政公署紀錄等，對考生過往紀錄作全面查察。成功進入品格審查階段的每個考生都要填寫一份一般審查表格（GF200），俗稱「三世書」。有關詳細要求及失敗原因可參照〈第 2 章第 5 關：品格審查〉章節。

5.7 薪酬及聘用條款

1. 薪酬

總薪級表第 10 點（每月 $24,670）至總薪級表第 21 點（每月 $43,610）。

香港海關貿易管制處 2023 – 2024 年度薪酬表

職級	薪酬（港幣）
高級首席貿易管制主任	$189,150 – $206,700
首席貿易管制主任	$123,980 – $142,840
總貿易管制主任	$79,930 – $116,165
高級貿易管制主任	$65,875 – $79,135
貿易管制主任	$47,795 – $62,895
助理貿易管制主任	$25,815 – $45,640

2. 聘用條款

- 附帶福利包括有薪假期、醫療及牙科診療。在適當情況下，公務員更可獲得房屋資助。
- 聘用條款及服務條件應以發出聘書時的規定為準。

5.8 投考助理貿易管制主任 Q&A

1.（問）誰是貿易管制處處長？

(答) 現任的貿易管制處處長是陳志強先生。

2.（問）香港海關的貿易管制組是否紀律部隊？

(答) 不是紀律部隊。雖然貿易管制組是香港海關轄下的執法機構，但它的運作模式不是紀律部隊。整個貿易管制組均是文職職系，不用穿制服、不用步操，執行職務時更不用佩帶槍械，與海關部隊負責不同的條例。

3.（問）投考助理貿易主任是否要進行體能測試？

(答) 不需要。助理貿易主任和海關關員是不同的機制，各自有不同的入職要求和條件。

4.（問）助理貿易主任的晉升機制和海關關員有甚麼不同？

(答) 助理貿易主任入職後會循貿易管制組的機制，行政、人事管理、職務調遷、表現評核和晉升等，都獨立於海關部隊。

5.（問）助理貿易主任在執行職務時是否有拘捕權？

(答) 有。貿易管制組職系人員和海關部隊職系人員同受關長指示及管理，在執行職務期間，遇有違犯有關條例的人士，可行使法定拘捕權，將罪犯拘捕。

6.（問）助理貿易主任沒有佩帶槍械，在執行職務時可否使用武力？

（答） 一般來說，助理貿易主任的工作環境鮮有動用武力的需要，但在特殊情況下，他可行使《香港海關條例》（第 342 章）賦與的權力。雖然助理貿易主任沒有佩帶槍械，但如他在執行職務期間遇到襲擊、刻意抗拒或阻撓，在別無其他更有效的選擇之下，無論是為保護自己的人身安全，或為執行職務的急切需要，都可視乎環境運用最低程度的武力。

7.（問）助理貿易主任和海關關員的委任證是否不同？

（答） 助理貿易主任和海關關員一樣佩備由關長簽發的香港海關人員委任證，印有持證人員姓名、職級、隸屬科系等資料。海關人員在執行職務期間必須帶備委任證。

8.（問）《度量衡條例》和保護消費者權益有甚麼關係？

（答） 《度量衡條例》用來保障消費者在交易過程中，避免受到不公平對待及出現貨品的重量和度量不足等情況。規定以重量或度量出售貨物時，必須按淨重量或淨度量出售。

9.（問）零售商一般都用「A 玉」來稱呼「翡翠」，「A 玉」和「翡翠」有甚麼關係？

（答） 只有符合《商品說明條例》中翡翠或天然翡翠定義的產品，才可稱為「翡翠」或「天然翡翠」。「天然翡翠」必須沒有經過任何改變其晶體結構或原色的處理或工序。「玉」與「翡翠」在法律上有關係。

10.（問）甚麼是海峽兩岸經濟合作框架協議（ECFA）？

（答） ECFA 的設立是要讓台灣商品免關稅進入中國市場，擴大產品在中國市場佔有率；同時台灣也必須提高免關稅商品的比例，並大幅開放市場給中國。

11.（問）甚麼是「不良營商手法」？

（答） 修訂的《商品說明條例》將涵蓋範圍由貨品擴展至服務行業，並規管 6 種不良營商手法，即就貨品及服務作出虛假商品說明、誤導性遺漏、具威嚇性的營業行為、餌誘式廣告宣傳、先誘後轉銷售行為及不當地接受付款。

投考海關實戰天書

2024-25 全新UPDATE版

作者： 李耀權
編輯： 青森文化編輯組
封面設計： Stream Heart
內文設計： 4res
出版： 紅出版（青森文化）
地址：香港灣仔道133號卓凌中心11樓
出版計劃查詢電話：(852) 2540 7517
電郵：editor@red-publish.com
網址：http://www.red-publish.com

香港總經銷： 聯合新零售(香港)有限公司

出版日期： 2023年11月
圖書分類： 求職指南
ISBN： 978-988-8822-94-2
定價： 港幣 88 元正